Simone Wagner

Kennzahlen für das Messeprojektmanagement:

Durch Leistungstransparenz erfolgreich
am Markt der Messedienstleister

Diplomica® Verlag GmbH

Wagner, Simone: Kennzahlen für das Messeprojektmanagement: Durch Leistungstransparenz erfolgreich am Markt der Messedienstleister, Hamburg, Diplomica Verlag GmbH 2010

ISBN: 978-3-8366-9671-5
Druck: Diplomica® Verlag GmbH, Hamburg, 2010

Bibliografische Information der Deutschen Nationalbibliothek:
Die Deutsche Nationalbibliothek verzeichnet diese Publikation in der Deutschen Nationalbibliografie; detaillierte bibliografische Daten sind im Internet über http://dnb.d-nb.de abrufbar.

Die digitale Ausgabe (eBook-Ausgabe) dieses Titels trägt die ISBN 978-3-8366-4671-0 und kann über den Handel oder den Verlag bezogen werden.

An dieser Stelle möchte ich meinen Dank für die zahlreichen Anregungen und Hinweise sowie die freundliche Unterstützung zur Fertigstellung dieses Buches an folgende Personen richten:

Herrn Bernd Autenrieth, Messe Stuttgart, Abteilungsleiter Marktservice

Frau Annette Kolb, Messe Stuttgart, Projektleiterin

Frau Silke Müller, Messe Stuttgart, Projektleiterin

Herrn Andreas Wiesinger, Messe Stuttgart, Projektleiter

Herrn Martin Rau, Messe Stuttgart, Controlling

Herrn Prof. Christoph Ehrhardt, FH Stuttgart - Hochschule für Technik

Inhaltsverzeichnis

Abbildungsverzeichnis

Tabellenverzeichnis

Abkürzungsverzeichnis

Abb.	Abbildung
AMA	American Management Association
Aufl.	Auflage
AUMA	Ausstellungs- und Messe-Ausschuss der Deutschen Wirtschaft e.V.
BSC	Balanced Scorecard
bzgl.	bezüglich
bzw.	beziehungsweise
CMT	Internationale Ausstellung für Caravan, Motor, Touristik
DB	Deckungsbeitrag
d.h.	das heißt
DIN	Deutsche Institut für Normung e.V.
dt.	deutsch(e)(er)
EK	Eigenkapital
EMNID	Erforschung, Marktforschung, Nachrichten, Informationen, Dienstleistungen
e.V.	eingetragener Verein
evtl.	eventuell
f.	folgende
ff.	fortfolgende
FH	Fachhochschule
F&H	Family & Home
FKM	Gesellschaft zur Freiwilligen Kontrolle von Messe- und Ausstellungszahlen
GmbH	Gesellschaft mit beschränkter Haftung
Hrsg.	Herausgeber
IBET	Institute for Business, Engineering and Technology
i.e.S.	im engeren Sinne
IMV	Information, Mitarbeit, Verantwortung
K.B.	Kapitalbindung
KG	Kommanditgesellschaft
KVP	Kontinuierlicher Verbesserungsprozess

KW	Kalenderwoche
MA	Linienmitarbeiter
MPO	Messeprojektorientiert(e)
Mrd.	Milliarden
Nr.	Nummer
ÖPNV	Öffentlicher Personennahverkehr
o.J.	ohne Jahresangabe
o.O.	ohne Ortsangabe
o.S.	ohne Seitenangabe
o.V.	ohne Verfasser
PMBOK	Project Management Body of Knowledge
PMI	Project Management Institute
PTM	Projektteammitarbeiter
QM	Qualitätsmanagement
RL	Reichmann und Lachnit
ROI	Return on Investment
RoQ	Return on Quality
S.	Seite
ServQual	Service and Quality
Tab.	Tabelle
TQM	Total Quality Management
u.a.	und andere
vgl.	vergleiche
vol	volume
WS	Wintersemester
www	world wide web
z.B.	zum Beispiel
ZVEI	Zentralverband Elektrotechnik- und Elektronikindustrie e.V.

1 Einführung

1.1 Problemstellung

Messen sind ein unabdingbares Instrument zur Förderung wirtschaftlicher Entwicklung. Sie führen Lieferanten und Kunden zusammen, ermöglichen auch im Zeitalter digitaler Kommunikation persönliche Kontakte, bieten einen Marktüberblick und zeigen auf engem Raum den derzeitigen technologischen und wirtschaftlichen Stand einer Branche.

Messen wirken belebend auf die gesamtwirtschaftliche Situation und verbessern in der Regel das Beziehungsgeflecht zwischen Handelspartnern sowohl auf nationaler als auch auf internationaler Ebene.

Derzeit steigt die Zahl der Messen weltweit permanent an. Trotz der zur Zeit schlechten Wirtschaftslage entstehen ständig neue Messethemen und Messeveranstaltungen.

Deutschland ist in der Durchführung von internationalen Messen weltweit die Nummer 1 und zwei Drittel der führenden Messen finden in Deutschland statt.[1]

Mit einem Gesamtumsatz von rund 2,5 Mrd. Euro im Jahr 2001 ist die Messewirtschaft damit eine der führenden Dienstleistungsbranchen in Deutschland.[2]

Doch durch die Globalisierung der Märkte und die Zunahme der elektronischen Kommunikationsmittel verschärft sich der Wettbewerb zwischen den Messedienstleistern ständig. Dieser steigende „Wettbewerb und die stetig steigenden Ansprüche der Aussteller und Besucher verlangen nach professionellem Management"[3].

Der Konkurrenzdruck zwischen den Messestandorten und damit auch zwischen den dort tätigen Messegesellschaften und Messeveranstalter nimmt also immer mehr zu. Um in diesem Markt wirtschaftlich erfolgreich zu bleiben und wachsen zu können, ist es für die Messegesellschaften und Messeveranstalter unumgänglich, professionelle Projektmanager und Projektleiter sowie kompetente Projektteams hervorzubringen.

Durch ein effektives, effizientes und qualitativ gutes Projektmanagement können Kunden gewonnen und gebunden werden.

---

[1] vgl. FKM, website, Stand 21.03.2003
[2] vgl. Kohler M. (2002), S. B1
[3] Kohler M. (2002), S. B1

1

Da Messegesellschaften auch ein großes wirtschaftliches Risiko tragen, sollte die Ermittlung des Veranstaltungserfolgs sowie die Einflussfaktoren hierauf, eine zentrale Rolle im Messeprojektmanagement einnehmen, daher ist es für Messedienstleister erforderlich, ihre Managementinstrumentarien zu verfeinern und zu verbessern. Zu diesen Werkzeugen gehört auch das Controlling.

Ein völlig fehlendes oder nur inkonsequent durchgeführtes Controlling ihrer Messeprojekte bei Messeveranstaltern und Messegesellschaften, wie es im Moment eher die Regel als die Ausnahme darstellt, führt speziell bei einer schwachen Wirtschaftslage und steigender Konkurrenz innerhalb der Messebranche zu einer Qualitätsverminderung und damit meist zu einem Verlust von Ausstellern und Besuchern.

1.2 Motivation

Das Thema der Messbarkeit und Kennzahlen für Messeprojekte wurde in der Literatur bisher eher stiefmütterlich behandelt.

Es gibt viel Material über die Messbarkeit eines Messeauftritts für die Aussteller. Für sie existieren bereits Kennzahlen, die ihnen ermöglichen den Erfolg ihres Auftritts zu messen und herauszufinden, ob sich auf dieser Veranstaltung eine erneute Teilnahme lohnt.

Zur Verwendung bei der Planung und Durchführung von Messeprojekten existieren jedoch noch keine, speziell auf dieses Thema zugeschnittenen Systeme. Gründe hierfür sind sicher in der Verschiedenartigkeit der einzelnen Messeprojekte zu suchen. Diese Individualität der einzelnen Messen macht Generalisierungen schwierig und verlangt nach einem sehr flexiblen Ansatz.

Der Anreiz zur Erstellung dieses Buches lag nun eindeutig darin, die mess- und beeinflussbaren Parameter im Messeprojektmanagement zu identifizieren und Methoden zur Projektsteuerung hierauf anzuwenden.

1.3 Zielsetzung des Buches

Mit vorliegendem Beitrag sollen geeignete Kennzahlen und ein Kennzahlensystem, zur Planung und Verfolgung von Messeprojekten, entwickelt werden. Die beschriebenen Ansätze und Verfahren sollen die effiziente Abwicklung von Messeprojekten fördern und deren Qualität steigern, indem sie den Projektverantwortlichen ein Steuerungsinstrument zur Verfügung stellen. Es werden alle Phasen eines Messeprojektes von der Konzeptionierung bis zur Nachbereitung einbezogen.

Erwähntes Kennzahlensystem soll dem Messeprojektmanager die wichtigsten Parameter liefern und die Möglichkeit bieten sie einander gegenüberzustellen, so dass überprüft werden kann, ob das Projekt auf Kurs ist, die Qualität dem Anspruch des Kunden entspricht und ob somit die Projektziele erreicht werden können.

1.4 Vorgehensweise und Aufbau des Buches

Zu Beginn werden die allgemeinen Grundlagen von Projekten und des Projektmanagements erläutert. Dabei wird insbesondere auf die Projektarten und die Organisationsstrukturen eingegangen.

Im zweiten Schritt wird die Besonderheit des Messeprojekts aufgezeigt sowie die verschiedenen Messearten und ihre spezifischen Merkmale. Das Aufgabenfeld des Projektmanagers wird näher erläutert, insbesondere was die Steuerung und Abwicklung des Messeprojekts betrifft.

Als nächstes werden die typischen Steuerungsinstrumente des Projektmanagers erläutert und aufgezeigt, wie diese im Messeprojekt eingesetzt werden können. Es wird auf die Controllingaufgaben im Messeprojekt eingegangen und anschließend wird die Bedeutung der Kennzahlen, ihre Ermittlung und ihre Einsatzgebiete, erläutert. Des weiteren werden verbreitete Kennzahlsysteme aufgeführt und ihre Besonderheiten beschrieben.

Die Entwicklung von messeprojektspezifischen Kennzahlen für die Bereiche Projektmitarbeiter, Prozesse, Kunden und Finanzen bilden den Schwerpunkt des fünften

Kapitels. Dabei wurde versucht, für jede Projektphase Kennzahlen zur effizienten Unterstützung der Projektarbeit zusammenzustellen und deren Verwendung zu beschreiben.

Anschließend werden diese Kennzahlen in ein System eingeordnet. Dieses Kennzahlensystem verdeutlicht die Abhängigkeit der einzelnen Kennzahlen und kann damit dem Projektmanager sowie den Projektbeteiligten als ein Instrument für eine erfolgreiche Projektabwicklung dienen.

Danach erfolgt die Betrachtung der Chancen und Risiken eines solchen Systems und welcher Mehrwert für das Projektmanagement daraus gewonnen wird.

Ein Ausblick auf die Zukunft und die Bedeutung der Messbarkeit für die zukünftige Messeprojektarbeit schließt dieses Buch ab.

Noch eine grundsätzliche Anmerkung: In diesem Buch wird für Berufsbezeichnungen und Funktionsbeschreibungen nur die männliche Form verwendet. Dies ist, ähnlich wie in der englischen Sprache, geschlechtsneutral zu sehen, dient ausschließlich der besseren Lesbarkeit und ist nicht als Herabsetzung des weiblichen Geschlechts zu verstehen. Ich hoffe, dass die Leser und vor allem die Leserinnen hierfür Verständnis haben.

2 Grundlagen des Projektmanagements

2.1 Was ist ein Projekt?

Im Zuge der zunehmenden Globalisierung der Marktwirtschaft gewinnen Projekte immer mehr an Bedeutung. Sie sind in allen Ebenen und Bereichen eines Unternehmens zu finden. Viele Unternehmen sehen in der Projektarbeit eine Möglichkeit interdisziplinäre Aufgaben schnell und auch wirtschaftlich erledigen zu können. Oftmals gewinnt man aber den Eindruck, dass nahezu jedes Vorhaben als Projekt bezeichnet wird. Ein Projekt hat aber spezifische Eigenschaften, die es von z.B. Routinearbeiten stark unterscheidet. Welche Merkmale sind dies und was genau ist eigentlich ein Projekt?

2.1.1 Definition: Projekt

Eine allgemeingültige Definition des Begriffs „Projekt" gibt es nicht. Die nachfolgenden Definitionen sollen einen Überblick geben, was unter dem Begriff Projekt zu verstehen ist.

In Lexika wird ein Projekt als ein „Entwurf; Plan, Vorhaben"[1] oder als „geplante oder bereits begonnene Unternehmung"[2] sowie „(groß angelegtes) Vorhaben"[3] bezeichnet.
Diese Definition trifft zwar zu, aber ist nicht sehr genau. Nach dieser Beschreibung wäre jedes Vorhaben, das geplant wurde, ein Projekt.

Laut DIN 69 901 ist "Ein Projekt (..) ein Vorhaben, das im wesentlichen durch eine Einmaligkeit der Bedingungen in ihrer Gesamtheit gekennzeichnet ist."[4] Die DIN umreißt den Begriff mit dieser Definition zwar genauer als die Lexika, schafft aber noch keine genaue Abgrenzung des Begriffs.

---

[1] Wissen.de-Lexikon, Online-Ausgabe
[2] Brockhaus Enzyklopädie, Online-Ausgabe
[3] Brockhaus Enzyklopädie, Online-Ausgabe
[4] DIN 69901 (1987)

Im PMBOK Guide, herausgegeben vom Projekt Management Institut in Pennsylvania, wird ein Projekt wie folgt beschrieben: „a project is a temporary endeavor undertaken to create a unique product or service."[1]

Eine ähnliche Definition findet man auch in R. L. Martino's Buch Project management and control, das 1964 veröffentlicht wurde: "A project is any task which has a definable beginning and a definable end and requires the expenditure of one or more resources in each of the separate, but interrelated and interdependent activities which must be completed to achieve the objectives for which the task (or project) was instituted"[2]

Welche grundlegenden Merkmale lassen sich aufgrund dieser Definitionen nun ableiten?

2.1.2 Merkmale eines Projekts

Ein Projekt zeichnet sich aus durch:

- Eindeutige inhaltliche Zielsetzung
  Es ist ein Vorhaben mit einem vorab bestimmten Ziel. Dieses Ziel kann die Erstellung eines Gebäudes oder die Durchführung einer Eventveranstaltung und Messe sein.
- Beginn und Ende sind eindeutig festgelegt
  Projekte haben einen definierten Zeitrahmen, sind also temporäre Aufgaben. Sie enden mit dem Erreichen des vorab vereinbarten Ziels.
- Begrenztes, klar zugeordnetes Budget und Ressourcen
  Die finanziellen sowie personellen Aufwendungen werden zu Beginn eines Projekts dem Nutzen entsprechend festgelegt.
- Abgrenzung zu anderen Aufgaben
  Projekte sind klar abgrenzbar zu den täglichen Routinearbeiten.
- Neuartigkeit und Innovation
  Ein Projekt ist neuartig und innovativ, da die Lösung des Projektes vor Beginn

---

[1] PMI (2000), S. 4
[2] Martino R.L. (1964), S. 17

oft nicht bekannt ist und nur teilweise auf vorhandenes Know-how zurückge-griffen werden kann.

- Spezielle Projektorganisation

  Bedingt durch die Komplexität der Projekte ist eine spezielle Organisations-form erforderlich. Die Projektorganisation ist von der, zur täglichen Routinear-beit ausgerichteten Aufbauorganisation, meist strukturell losgelöst.
  Dies verdeutlicht Abbildung 1:

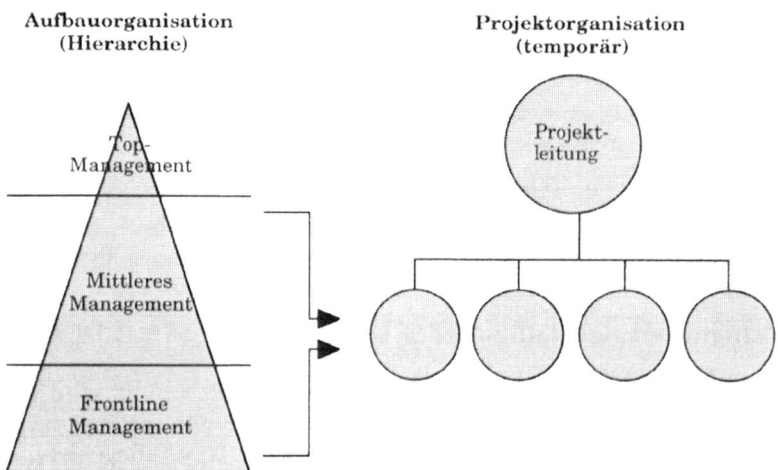

Abb. 1: Aufbauorganisation und Projektorganisation[1]

- Einmaligkeit

  In jedem Projekt ändert sich die Zusammensetzung der Ziele, Projektbeteilig-ten, Budget und den Bedingungen. Daher ist jedes Projekt, in seiner Gesamt-heit betrachtet, einmalig.

- Komplexität

  Ein Projekt ist eine vielschichtige Aufgabe, die einer ganzheitlichen Betrach-tung bedarf. Ein Projekt erfordert viele Beteiligte verschiedenster Disziplinen oder Organisationen zu koordinieren.

Trotz dieser grundlegenden Merkmale, die jedes Projekt mit unterschiedlich starker Ausprägung auszeichnet, hat jedes Projekt seine Eigenheiten und Besonderheiten.

---

[1] vgl. Ziegenbein K. (2001), S. 33

2.1.3 Projektarten

Es gibt sehr unterschiedliche Arten von Projekten. Je nach Aufgabenstellung lassen sich Projekte in ihrer Größe, Komplexität und vor allem inhaltlich stark unterscheiden. Um eine geeignete Vorgehensweise und Managementstrategie für jedes Projekt ableiten zu können, ist es sinnvoll, die Projekte in Projektarten zu untergliedern. Eine häufige Einteilung erfolgt nach dem Charakter des Projektziels oder des Projektinhalts. Dabei lassen sich vier Projektarten[1] ableiten:

- Forschungs- und Entwicklungsprojekte
  Hierzu zählen z.B. Grundlagenforschungen sowie Entwicklungen und Einführungen neuer Produkte.
- Bauprojekte
  Z.B. Projekte im Hoch- und Tiefbau
- Anlagenbauprojekte
  Z.B Installationen neuer technischer Anlagen
- Dienstleistungsprojekte, Organisationsprojekte
  Z.B. Betriebsorganisationen ändern, Organisation einer Messe

Gleich um welche Art von Projekt es sich handelt, die Grundprinzipien des Projektmanagements können bei jedem Projekt angewandt werden.

2.2 Was ist Projektmanagement?

In den sechziger Jahren verstand man unter dem Begriff des Projektmanagements ein Werkzeug zur Projektplanung und –steuerung es wurde auch mit der „Netzplantechnik" gleichgesetzt. Erst in den achtziger Jahren wurde erkannt, dass Projektmanagement mehr ist, als das Anwenden rein operativer Werkzeuge. Man sah, dass das Abwickeln von Projekten ein Managementsystem erforderte.[2]

---

[1] vgl. Kosiol E. (1996), S. 60-61
[2] vgl. Kraus/ Westermann (2001), S. 15

2.2.1 Definition: Projektmanagement

Anhand von in der Literatur gegebenen Definitionen soll der Begriff des Projektmanagements erklärt werden.

Projektmanagement ist die „Gesamtheit der Maßnahmen zur Konzeption, Steuerung und Durchführung eines (Industrie-)Projekts"[1] , so die Definition im Lexikon.

In der DIN 69 901 wird Projektmanagement als „die Gesamtheit von Führungsaufgabe, -organisation, -techniken und -mitteln für die Abwicklung eines Projektes"[2] beschrieben. Diese Definition ist somit etwas genauer in ihrer Aussage als die Definition in allgemeinen Nachschlagewerken.

Doch auch bei der Definition des Projektmanagement ist der PMBOK Guide wieder etwas schärfer in der Abgrenzung. Projektmanagement ist „the application of knowledge, skills, tools, and techniques to project activities to meet project requirements. Project management is accomplished through the use of the processes such as: initiating, planning, executing, controlling, and closing."[3]

Versucht man den Begriff des Projektmanagements mit einem einzigen Wort zu beschreiben, trifft wohl das Wort „Integration" am Besten den Kern.
Es liegt in der Verantwortung des Projektmanagers, die Anstrengungen der beteiligten Mitarbeiter, die technische Ausrüstung, Vorräte, Materialien und die angewandten Technologien zusammenzuführen und zu integrieren, um das Ziel des Projekts in Übereinstimmung mit den Anforderungen im vorgegebenen Zeit- und Budgetrahmen zu erreichen.[4]

---

[1] Wissen.de-Lexikon, Online-Ausgabe
[2] DIN 69901 (1987)
[3] PMI (2000), S. 6
[4] vgl. Dinsmore P.C. (1993), S. 13

2.2.2 Die Aufgaben des Projektmanagements

Projektmanagement ist also eine anspruchsvolle, ziel- und leistungsorientierte Führungsaufgabe, welche zeitlich begrenzt, parallel zur Linienorganisation wahrgenommen wird.

Das Aufgabenfeld des Projektmanagements ist sehr vielschichtig und erfordert eine hohe fachliche wie auch persönliche Qualifikation des Projektmanagers.

Zu den Aufgaben des Projektmanagements gehören:

- Laufende Projektabstimmung
- Sammlung von Informationen
- Ausarbeitung von Vorschlägen
- Koordination der Beiträge der Mitglieder der Projektgruppe[1]

Die Projektabstimmung beinhaltet vor allem die Abstimmung der Faktoren Leistung, Termine und Ressourcen. Der Projektmanager muss diese Faktoren immer im Auge behalten, denn die Veränderung nur eines Faktors hat sofort Auswirkungen auf einen der anderen.

Folgendes Schaubild verdeutlicht die Abhängigkeit:

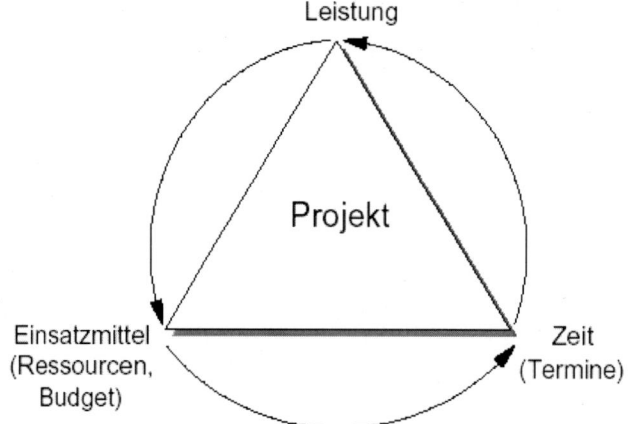

Abb. 2: Grundparameter eines Projekts[2]

---

[1] vgl. Olfert/Pischulti (2002), S. 181
[2] Burghardt M. (1995), S. 30

Verkürzt sich z.B. eine der Geraden am Dreieck, dann wird aus dem gleichseitigen Dreieck ein gleichschenkliges Dreieck. Damit haben sich die Verhältnisse geändert. Für die Faktoren Leistung/Ergebnis, Termine und Ressourcen wie Personal, Budget und Sachmittel, trägt der Projektmanager die volle Verantwortung. Doch die Art seiner Befugnisse wie Weisungs-, Entscheidungs- und Informationsbefugnis hängt stark vom jeweiligen Projekt und der Form der Projektorganisation ab.[1]

2.2.3 Projektorganisationsformen

Die Projektorganisation ist eine Organisationsform, die entweder parallel zur bestehenden Organisationsform des Unternehmens, oder eingegliedert in dieser besteht. Die Projektorganisation ist zeitlich auf das Projekt begrenzt mit dem Ziel, die zur Verfügung stehenden Ressourcen optimal, zum Erreichen des Projektziels einzusetzen. Die Projektorganisation im Projektmanagement lässt sich sowohl im Hinblick auf aufbauorganisatorische Aspekte, als auch unter ablauforganisatorischen Aspekten betrachten.

2.2.3.1 Aufbauorganisation

Die Aufbauorganisation befasst sich mit der Strukturierung des Systems und legt die Regeln der Zusammenarbeit im Projektteam fest. Durch die parallele Abwicklung der Projekte zur Linienorganisation ist es erforderlich, dass ein eindeutiger Kompetenz- und Handlungsrahmen geschaffen wird. Die Ausprägung dieses Rahmens ist wiederum Abhängig von der Form des Projektmanagements innerhalb der Aufbauorganisation.

Man unterscheidet drei Grundformen des Projektmanagements in der Aufbauorganisation:

- Reines Projektmanagement
  Das Projekt wird als selbständige Einheit betrachtet. Der Projektleiter hat somit die Kompetenzen einer Linienstelle. Die komplette Verantwortung und Befugnisse für das Projekt liegen beim Projektleiter. Die Kompetenzen sind bei

---

[1] vgl. Olfert/Pischulti (2002), S. 181

dieser Form klar abgegrenzt. Die schnelle Abwicklung und die schnelle Reaktionsmöglichkeit bei Störungen zeichnen diese Form aus. Als problematisch ist die oft schwache Akzeptanz des Projekts durch die Linie zu sehen.

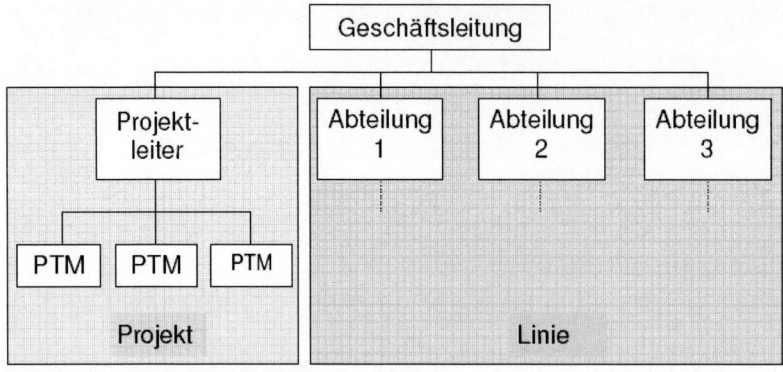

Abb. 3: Reines Projektmanagement[1]

- Matrix-Projektmanagement

    Das Projektteam wird nicht komplett aus der Linienorganisation ausgegliedert. Die Projektmitarbeiter arbeiten weiter in Ihren Abteilungen und nur anteilsmäßig, nach Bedarf, am Projekt. Die gesamtheitlichen Entscheidungen werden vom funktionellen Leiter getroffen. Die Verantwortung für das Erreichen des Projektziels liegt somit sowohl beim Projektteam als auch in der Linienorganisation. Es erfordert aber eine fachlich kompetente und führungsstarke Projektleitung, da es häufig zu Kompetenzüberlappungen kommt und somit Konflikte zwischen der Linien- und Projektorganisation entstehen.

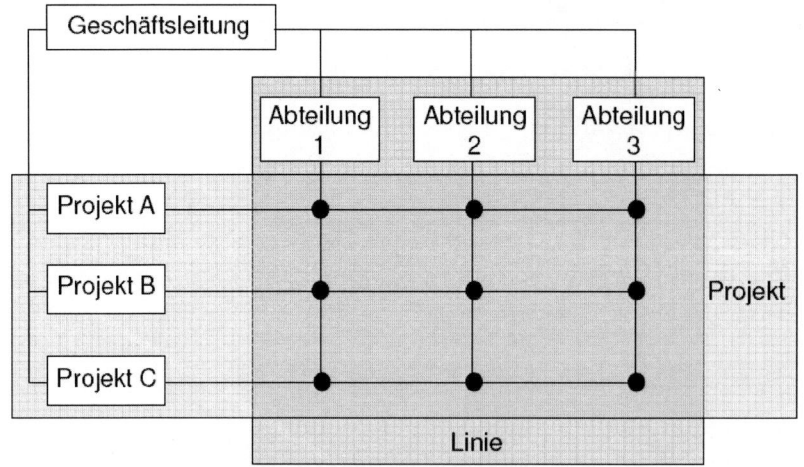

Abb. 4: Matrix-Projektmanagement[2]

---

[1] vgl. Kraus/Westermann (2001), S. 39
[2] vgl. Kraus/Westermann (2001), S. 40

- Einfluss-Projektmanagement oder Stabsorganisation

  Die Kompetenzen und Verantwortung bleiben in der Linienorganisation, der Projektleiter hat hier die Kompetenzen einer Stabsstelle.

  Beim Projektmanagement als Stabsfunktion hat der Projektleiter nur eine Ko-ordinationsaufgabe, ohne formale Weisungsrechte, er ist aber für den terminlichen und sachlichen Ablauf mitverantwortlich. Die Projektmitarbeiter bleiben in ihren Linienstellen und unterstehen disziplinarisch weiterhin ihrem Linienvorgesetzten. Bei dieser Form gibt es keine grundlegenden organisatorischen Umstellungen und die personelle Flexibilität ist hoch. Als problematisch ist das fehlende Verantwortungsgefühl für das Gesamtprojekt anzusehen. Da der Projektleiter keine Befugnisse gegenüber den Projektmitarbeitern hat, fehlt der Verantwortliche des Projekts.

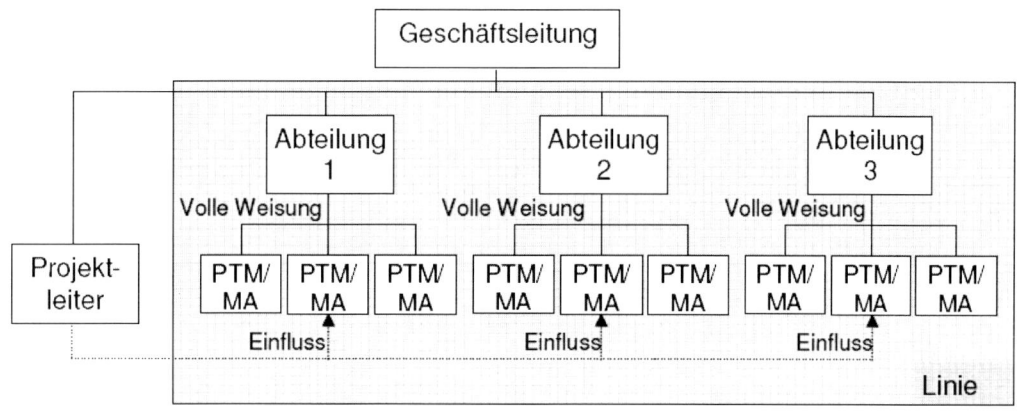

Abb. 5: Einfluss-Projektmanagement[1]

2.2.3.2 Ablauforganisation

Die Ablauforganisation beschreibt die Prozesse, Phasen und Methoden des Projekts. Für eine wirtschaftliche Durchführung von Projekten ist der phasenweise Projektablauf eine wesentliche Voraussetzung. Die Anzahl und die Dauer der Projektphasen hängen vom jeweiligen Projekt ab. Der Abschlusspunkt einer Phase wird durch einen Meilenstein definiert. Die Meilensteine sind wesentliche Schlüsselereignisse für die Planung und Überwachung eines Projekts, daher ist die Festlegung dieser eine wich-

---

[1] vgl. Kraus/Westermann (2001), S. 43

tige Maßnahme zu Beginn eines Projekts. Durch die Meilensteine lässt sich der Projektstand überprüfen um dann, bei Bedarf, steuernd ins Projekt eingreifen zu können.[1]

Die Grundlagen des Projektmanagements können für alle Projekte, einmal in stärkerer und einmal in schwächerer Ausprägung, angewandt werden, aber eine allgemeingültige Schablone wird es nicht geben können. Projektmanagementdenken und Projektmanagementmethoden sind immer projektadäquat anzuwenden, da jedes Projekt „a temporary endeavor undertaken to create a unique product or service"[2] ist.

---

[1] vgl. Kraus/Westermann (2001), S. 53 ff
[2] PMI (2000), S. 4

3 Grundlagen des Projektmanagements im Messewesen

3.1 Die Besonderheiten von Messeprojekten

Eine Branche die stark projektorientiert arbeitet, ist die Messewirtschaft.

Messen sind zeitlich begrenzte Veranstaltungen, auf der eine Vielzahl von Ausstellern das wesentliche Leistungsspektrum eines oder mehrerer Wirtschaftszweige ausstellen und vertreiben. Diese Veranstaltungen können aus unterschiedlichen Blickwinkeln betrachtet werden.

Aus Sicht der Aussteller sind Messen absatzpolitische Marketinginstrumente und Kommunikationsinstrumente, deren besondere Stärke für die Aussteller in der Steigerung der Bekanntheit des Unternehmens, in der Imagepflege sowie bei der Demonstration von Marktpräsenz und der Informationsbeschaffung liegt.

Generell haben Messen unter allen Instrumenten, die im Kommunikations-Mix eingesetzt werden, die zweithöchste Bedeutung und werden nur übertroffen vom persönlichen Verkauf. Das ist das Ergebnis einer Umfrage des EMNID-Instituts im Auftrag des Ausstellungs- und Messe-Ausschusses der Deutschen Wirtschaft (AUMA), die im Oktober 2002 durchgeführt wurde.[1]

Für die Besucher ist eine Messe ein informations- oder warenbeschaffungspolitisches Instrument[2], mit der Besonderheit der Produktnähe, Messen ermöglichen es dem Besucher die Produkte zu (be)greifen und direkt mit den entscheidenden Personen zu sprechen. Es bietet sich für den Besucher die einzigartige Möglichkeit, Produkte direkt miteinander vergleichen zu können.

Die Messegesellschaften oder Messeveranstalter sind hierbei die veranstaltungswirtschaftlichen Dienstleister, deren wesentliches Ziel in der Organisation und Durchführung von Messen, Ausstellungen und Kongressen liegt.[3]

Messegesellschaften dienen also als Mittler zwischen Angebot und Nachfrage.

---

[1] vgl. Umfrage des EMNID-Instituts (2002), siehe Anhang
[2] vgl. Selinski/Sperling (1995), S. 9
[3] vgl. Selinski/Sperling (1995), S. 9

3.1.1 Die Herausforderungen für die Messegesellschaften

Die Messegesellschaften sind somit in der Situation, Zielgruppen mit sehr verschiedenartigen Ansprüchen parallel bedienen zu müssen.

Gegenüber den Ausstellern:

- Schaffung eines nutzbaren und ansprechenden Umfelds
- Sicherstellung einer funktionalen Infrastruktur
- Angebot einer marktgerechten und qualitativen Veranstaltung
- Die Sicherstellung einer guten Besucherwerbung, durch zielgruppenspezifische Werbung. Die richtigen Anzahl an Besuchern, deren berufliche Qualifikation und Stellung im Unternehmen sind für die Aussteller entscheidende Faktoren.

Gegenüber den Besuchern:

- Sicherstellung einer umfangreichen Ausstellerpräsenz
- Leistung eines guten Besucherservices
- Ständige Verbesserungen der Service- und Dienstleistungsqualität
- Schaffung eines ansprechenden Umfelds
- Sicherstellung einer funktionalen Infrastruktur
- Ausbau des Online-Services

Zum einen muss der potentielle Aussteller und zum andern der potenzielle Besucher zufrieden gestellt und für die Messe gewonnen werden. Die Schwierigkeit liegt aber in der Beeinflussung der Dienstleistung durch die Kunden (Besucher und Aussteller). Für die Aussteller ist eine Messe nur interessant, wenn auch ein für die Aussteller interessantes Besuchersegment anzutreffen ist. Umgekehrt werden nur genügend Besucher zur Messe erscheinen, wenn für sie ein attraktives Ausstellersegment auf der Messe sein wird.

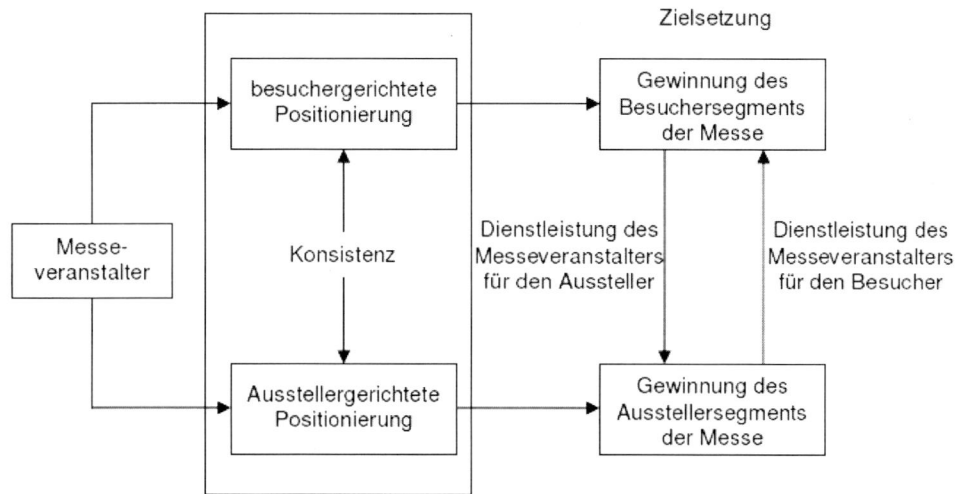

Abb. 6: Zweiseitige Positionierung von Messen[1]

Der Erfolg eines Messeprojekts hängt somit zum einen von einer widerspruchsfreien besucher- und ausstellergerichteten Positionierung der Messe und zum andern von der Gesamtzufriedenheit beider Kundengruppen ab.[2]

3.1.2 Messearten und Typologie

Es gibt verschiedene Typologisierungen von Messearten die anhand bestimmter Abgrenzungskriterien wie Branche, Reichweite und Angebotsstruktur vorgenommen werden. Die zwei am häufigsten verwendeten Unterscheidungskriterien sind die Branche und das Einzugsgebiet.

Messetypologie nach dem Einzugsgebiet:
- Internationale Messe/Ausstellung
- Überregionale Messe/Ausstellung
- Regionale Messe/Ausstellung

Eine Messe gilt als international, wenn neben einem Fachbesucheranteil von mind. 5% auch ein Anteil an internationalen Ausstellern von mind. 10% vertreten ist.[3]

---

[1] Robertz G. (1999), S. 26
[2] vgl. Robertz G. (1999), S. 26
[3] vgl. AUMA, Information zur Internationalität

Bei der Messetypologie nach der Branche unterscheidet man heute eigentlich nur noch zwischen der Fachmesse und der Publikumsausstellung.

Die Fachmesse ist der vorherrschende Messetyp in Deutschland, sie zeichnet sich durch ihre große Angebotstiefe bei gleichzeitig geringer Angebotsbreite aus.[1] Nach dem Schwerpunkt des Messethemas kann zwischen einer funktions-, kundengruppen-, lieferanten- und technologieorientierten Fachmesse unterschieden werden. Die Publikumsaustellung zielt auf den Verbraucher als Besucher ab.[2]

Diese Klassifizierungen der Messearten zeigt die Vielfalt der Messeveranstaltungen. Jeder Messetyp stellt unterschiedliche Anforderungen und Aufgaben an die Messegesellschaft bzw. an den Projektmanager des Messeprojekts.

Jede Veranstaltung, auch die regelmäßig wiederkehrende, unterliegt einem dynamischen Veränderungsprozess, ist also unique und darum auch nur in gewisser Weise standardisierbar.

3.1.3 Merkmale eines Messeprojekts

Je nach Projektart unterscheiden sich die in Kapitel 2 beschriebenen Projektmerkmale in ihrer Intensität und Ausprägung. Die Ausprägungen der Merkmale eines Messeprojekts sind in folgender Tabelle dargestellt.

	Projektmerkmale							
	Eindeutige Zielsetzung	Feste Termine	Begrenzte Ressourcen	Abgrenzbar	Innovativ	Spezielle Projektorg.	Einmalig	Komplex
Dienstleistungsprojekte z.B. Messeprojekt	⇑	⇑	⇑	⇑	⇒	⇑	⬈	⇑

⇑ voll zutreffend   ⇒ teilweise zutreffend   ⬇ nicht zutreffend

Tab. 1: Projektmerkmale Messeprojekt

Ein Messeprojekt ist somit eine klassische Projektaufgabe, mit einem definiertem Start und Ende, vielen operativen Schritten, entsprechenden Projektphasen mit Mei-

---

[1] vgl. Robertz G. (1999), S. 21
[2] vgl. AUMA, Information zu Messe- und Ausstellungstypen

lensteinen und in enger Zusammenarbeit mit unterschiedlichen Personen und Abteilungen.

Ein herausragendes Merkmal ist der feststehende Termin einer Messeveranstaltung. Dieser Termin ist zu Beginn des Projekts festgelegt und lässt sich auch nicht ändern. „Diese absolute Fokussierung auf den Stichtag fordert eine stringente Lösungsorientierung in allen Facetten des Projektmanagements."[1]
Messeprojekte weisen auch einen hohen Grad an Komplexität auf. Das Produkt „Messe" wird durch die Kunden, Aussteller und Besucher, stark beeinflusst. Die Messe unterliegt auch einem ständigen Veränderungsprozess durch äußere Einflüsse, wie wirtschaftliche Lage und das Umfeld des Messestandorts. Es gibt also immer mindestens eine oder mehrere unvorhersehbaren externen Einflüsse die auf den Projektverlauf einwirken und ihn ändern.

3.1.4 Phasen eines Messeprojekts

Die Einteilung des Projektes in Phasen, ermöglicht dem Messeprojektmanager den Projektverlauf in seiner Vielschichtigkeit besser zu verstehen und somit zu angemessenen Schlussfolgerungen für die Planung, Organisation, Steuerung und Kontrolle von Projekten zu gelangen. Das Ende jeder Phase wird von einem Meilenstein markiert.
Es gibt drei Hauptphasen in die sich ein Messeprojekt aufteilen lässt:
Die Vormessephase, ist die längste Phase des Messeprojekts. Sie startet mit der Konzeptionsphase und geht bis zur Eröffnung der Messeveranstaltung. Dann beginnt die Messephase und nach Beendigung der Veranstaltung folgt die Nachmessephase.
Diese drei Hauptphasen sind, um einen besseren Überblick zu erhalten, weiter untergliedert. Folgendes Schaubild zeigt die typischen Messephasen einer Bestandsmesse.

---

[1] Dams C.M. (2002), S. 39/40

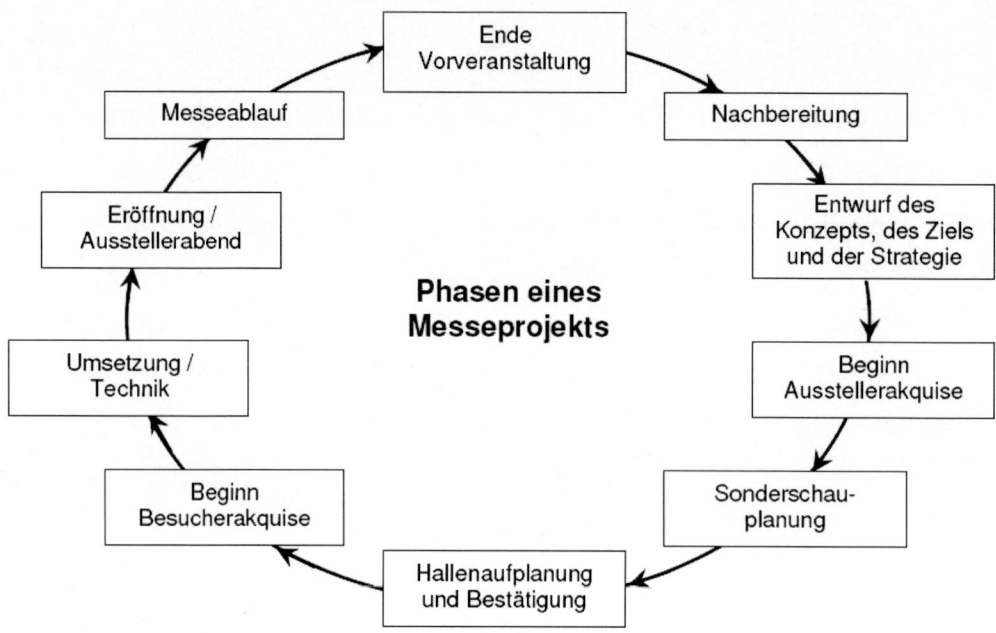

Abb. 7: Phasen eines Fachmesseprojekts

Bei einer neu zu konzeptionierenden Messe gibt es eine lange Konzeptions- und Marktforschungsphase bevor diese zur Ausführung kommt.

3.2 Messeprojektmanagement

Messe- und Ausstellungsveranstalter bieten eine komplexe Dienstleistung, deren Qualität hauptsächlich durch ein professionelles Projektmanagement bestimmt wird: vom Konzept über die Ansprache der Zielgruppen, die Pflege der Kunden, bis zur Serviceerbringung entsteht die Dienstleistung „Messe" in den Köpfen der Menschen.

3.2.1 Die Aufgaben des Messeprojektmanagers

Zum Aufgabenfeld des Messeprojektmanagers gehören somit die klassischen Projektmanagementaufgaben, diese erstreckt sich über die Planung, Budgetierung, laufende Projektabstimmung und Kontrolle, bis zur Erstellung eines Konzepts als Grundlage für einen Projektplan mit allen Aktionen, Terminen, Verantwortlichkeiten und Zielvorgaben.

Für einen Messeprojektmanager ist ein großes branchenspezifisches Wissen, wie der Markt sich entwickeln wird, von großer Bedeutung. Darum ist ein enger und regelmäßiger Kundenkontakt, speziell zur ausstellenden Wirtschaft, für den Projektmanager äußerst wichtig.[1]

Durch den steigenden Wettbewerb erhöht sich die Zahl der gleichartigen Messeveranstaltungen, dies bedeutet für das Projektmanagement eine stärkere Fokussierung auf die Qualitätsmerkmale des Projekts „Messe", um so die Kundenbindung an eine bestimmte Messe zu erhöhen. Daher zählt die Umsetzung und Kommunikation von Ausstellerwünschen zu einer wichtigen Aufgabe des Projektmanagers eines Messeprojekts.[2] Dies gilt natürlich auch für die Messebesucher, denn wenn nicht das geeignete Besuchersegment auf einer Messeveranstaltung zu erwarten ist, bleiben die Aussteller der Messe fern und damit ist auch der Versuch eine Ausstellerbindung zu schaffen nutzlos.

Der Projektmanager trägt die volle Verantwortung, das Projektziel im vorgegebenen Zeitrahmen mit den zur Verfügung stehenden Ressourcen zu erreichen.

Die Ausprägung der Weisungsbefugnis des Projektleiters gegenüber seinen Projektteammitarbeiter hängt von der vorherrschenden Projektorganisationsform der Messegesellschaft oder des Messeveranstalters ab.

3.2.2 Projektorganisationsformen für Messeprojekte

Durch eine empirischen Untersuchung einzelner Messegesellschaften und Messeveranstalter in Deutschland ist festzustellen, dass alle drei Projektmanagementmodelle der Aufbauorganisation Anwendung finden.

Am häufigsten wurde das Modell des reinen Projektmanagements als Organisationsform benannt, bei dem die ganzen Kompetenzen und Verantwortung beim Projektleiter liegt.

Im Falle der Messegesellschaft Stuttgart wird eine Form des Einfluß-Projektmanagementmodells angewandt. Der Projektmanager hat die komplette Verantwortung für das Projekt, hat aber keine Weisungsbefugnis gegenüber den Projektteammitgliedern, welche weiterhin ihrem Linienvorgesetzten unterstellt sind.

---

[1] vgl. Robertz G. (1999), S. 45
[2] vgl. Robertz G. (1999), S. 46

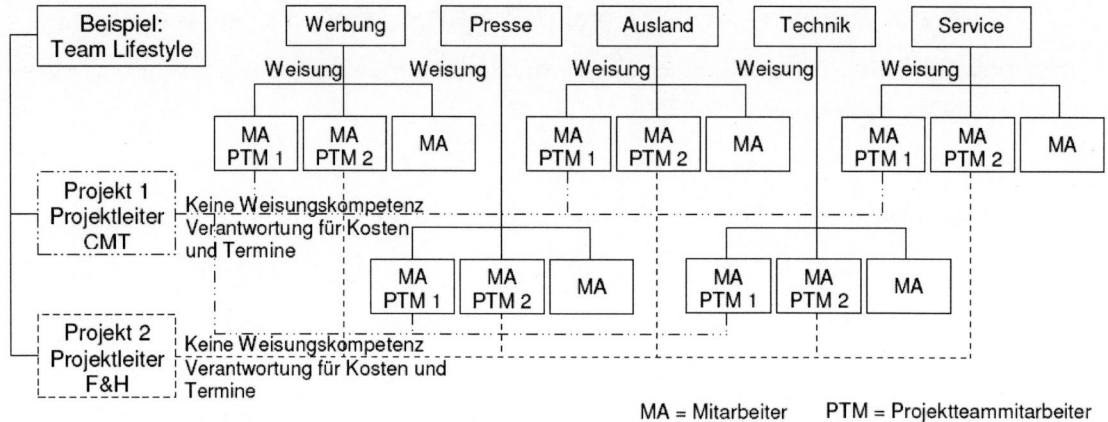

Abb. 8: Projektorganisationsmodell am Beispiel der Stuttgarter Messe

Diese Form des Projektmanagements hat den Vorteil einer großen Flexibilität, da die Mitarbeiter für mehrere Projekte tätig sein können und die Mitarbeiterressourcen nach Bedarf zur Verfügung stehen. Es ist eine parallele Abwicklung mehrer Messe- projekte möglich. Es kann aber auch Interessenkonflikte zwischen Linienvorgesetz- ten und Projektmanagement geben. Für den Projektmanager ist dies eine schwieri- ge Situation, da er die volle Verantwortung für das Projekt trägt, aber keine Wei- sungsbefugnis hat.

3.2.3 Zielsetzung eines Messeprojekts

Die Zielsetzung wird vom Projektmanager durchgeführt. Um aber ein Messeziel zu formulieren, müssen auch die Unternehmensziele vom Projektmanager berücksich- tigt werden. Der Projektmanager ordnet seine Messeziele hierarchisch den Unter- nehmenszielen unter.

Die Ziele, die für ein Messeprojekt gesetzt werden, sind:

- Terminziele, gesetzt durch Projektphasen und Meilensteine
- Kostenziele, gesetzt durch Etatplan und zu erreichender DB
- Quantitative Zielvorgaben
- Qualitative Zielvorgaben

Die Formulierung und Überprüfung der quantitativen Ziele ist meist einfacher für den Projektmanager, da diese in der Regel messbar und damit kontrollierbar sind. Quantitative Ziele für ein Messeprojekt können sein:

- Flächenvermietung
- Ausstellerzahlen (Aufgeteilt in nationale und internationale)
- Besucherzahlen (Aufgeteilt in nationale und internationale)
- Zahl der Altaussteller
- Zahl der Neuaussteller
- Anzahl der Pressemitteilungen
- Anzahl der Medienresonanz

Schwieriger gestaltet sich die qualitative Zielformulierung. Die Beurteilung und Zielerreichungsmessung sind sehr schwierig, dennoch beeinflussen gerade diese Ziele den Messeerfolg immer mehr.
Zu den qualitativen Zielen zählen:

- Attraktivität der Messe für Aussteller
- Attraktivität der Messe für Besucher
- Stärkung der Kundenbindung, sowohl Aussteller als auch Besucher
- Servicequalität
- Erlebnisqualität der Messe
- Kundenzufriedenheit

Zum Erreichen der quantitativen Ziele ist eine starke Kundenorientierung nötig, denn die Wahrnehmung der Qualität ist oft stark von den subjektiven Eindrücken des Betrachters abhängig. „Folglich haben die Leistungen die höchste Qualität, die Bedürfnisse der Anwender in überlegener Weise zufriedenstellen. Erfüllung von Qualität bedeutet also Bedürfnisbefriedigung."[1]
Ziel ist es somit eine hohe Qualität der Dienstleistung und eine Optimierung des Kundennutzens zu schaffen.

Eine genaue Zielsetzung und die Kommunikation dieser Ziele gegenüber den Projektteammitarbeiter ist, für das Erreichen des Ziels und das Steuern eines Projekts, von großer Bedeutung und das ist ein Kriterium für den Erfolg eines Projekts.

---

[1] Helmich H. (1998), S.239

3.2.4 Abwicklung und Steuerung eines Messeprojekts

"Nicht Ergebnisse, sondern die Aktivitäten zur Erreichung der Ziele gilt es zu managen."[1]

Daher ist eine genaue Planung des Projektablaufs und Zieldefinierungen zu Beginn eines Projekts äußerst wichtig. Es kann nur steuernd eingegriffen werden, wenn der Projektstand überprüft werden kann, aber nur definierte und festgesetzte Ziele können auch überprüft werden.

Zur Abwicklung eines Messeprojekts gehört somit zuerst die Projektdefinition. Hierzu zählt die Situationserfassung, wie z.B. das Erfassen der wirtschaftlichen Lage und der momentanen Situation der Branche, der zu veranstaltenden Messe. Danach entwickelt der Projektmanager eine Konzeption des Messeprojekts und setzt die Zielformulierungen fest.

Der nächste Schritt ist die Projektplanung. Der Messeprojektmanager legt die Ablaufstruktur des Projekts fest. Er stellt den Terminplan und den Budgetplan sowie den Werbeplan in Zusammenarbeit mit der Werbeleitung auf.

Nachdem der Ablauf des Projekts und die Rahmenbedingungen mit den entsprechenden Meilensteinen festgelegt wurden, beginnt die Durchführung des Projekts mit der Aufgaben- und Verantwortlichkeitenverteilung an die einzelnen Projektteammitarbeiter.

Hier beginnt für den Messeprojektmanager auch die Phase der Projektsteuerung und des Projektcontrollings. Die Projektsteuerung umfasst alle steuernden Elemente, die das Projekt zielgerichtet voranbringen, sie ist somit ein wichtiger Teil des Projektmanagements.

Für den Messeprojektmanager gehören zu den Steuerungsaufgaben eines Messeprojekts auch die Steuerung der Informationsbeschaffung über die Markt- und Branchensituation sowie die Interpretation und Bewertung dieser Informationen.

Die intensive Beschäftigung mit der Situation der Aussteller und Besucher ist für den Projektmanager ein wesentlicher Schritt zur Kundenorientierung.

---

[1] Huckemann/Weiler (1998), S. 103

Zu einer effizienten Projektsteuerung gehört auch das Projektcontrolling. Hier geht es um den Soll-Ist-Vergleich des Projektfortschritts. Es gilt die gesetzten Ziele zu überwachen, also Termine, Kosten, qualitative und quantitative Ziele und Arbeitsleistungen. Es sollte auch eine Überprüfung eines oft vernachlässigten aber entscheidenden Faktors, nämlich die Motivation der Projektmitarbeiter, erfolgen. Denn die Arbeit der Mitarbeiter trägt entscheidend zu einer qualitativ guten Projektdurchführung bei. Die Aufgabe für den Projektmanager ist es Abweichungen von der Planung und den Zielvorgaben zu erkennen und zu analysieren, um dann geeignete Maßnahmen einleiten oder eine Anpassung des Ziels, an die veränderten Bedingungen, vornehmen zu können. Hilfreich sind hierbei Frühwarnfunktionen zur Sicherstellung der rechtzeitigen Wahrnehmung von Veränderungen.[1]

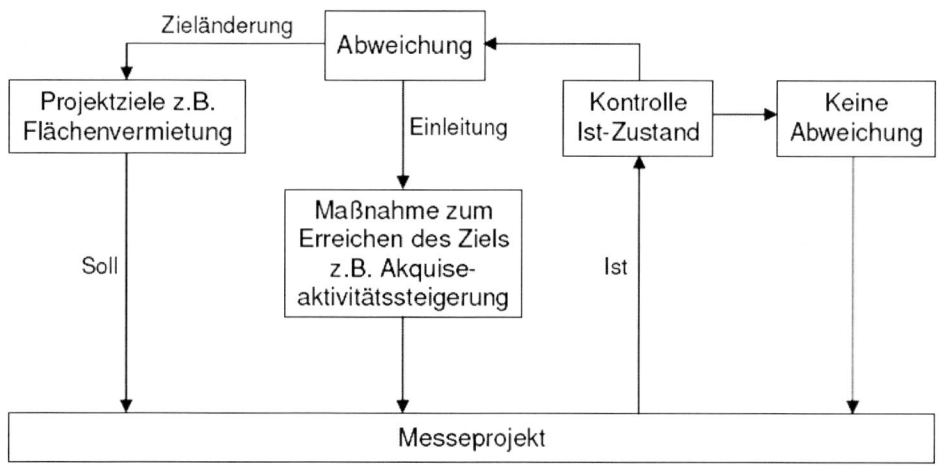

Abb. 9: Projektsteuerung Messeprojekt

Das Projektcontrolling ist für den Erfolg eines Projekts von großer Bedeutung, denn nur wenn man eine Abweichung erkennt, kann man steuernd in den laufenden Projektablauf eingegriffen werden. Es ist auf keinen Fall als eine Kontrolle des einzelnen Projektmitarbeiters zu sehen, wie es leider noch allzu häufig geschieht. Es fordert eine hohe Sozialkompetenz des Projektmanagers um zu erreichen, dass die Projektteammitglieder das Projektcontrolling als ein Qualitätsverbesserungsinstrument des Dienstleistungsprojekts sehen. Denn alle haben das gleiche Ziel, eine für den Kunden qualitativ hochwertige Messe zu schaffen.

---

[1] vgl. Robertz G. (1999), S. 216ff

Wenn der Projektmanager flexibel auf Veränderungen reagieren kann und die Dienstleistungen an den Bedürfnissen der Kunden ausrichtet, dann wird die Messeveranstaltung zum Messeerfolg führen.

Ein weiteres Element zur Sicherung eines reibungslosen Projektablaufs ist die Erhaltung und die Förderung der Mitarbeitermotivation sowie die Schaffung einer guten Kommunikation unter den Teammitgliedern.

Nach dem Ende der Messeveranstaltung ist das Projekt „Messe" noch nicht abgeschlossen. Es gilt noch die Kundenbefragungen auszuwerten, die speziell für die qualitative Beurteilung des Messeprojekts ausschlaggebend sind. Für eine Weiterentwicklung des nächsten Projekts ist es nötig, jede Veranstaltung noch einer kritischen Nachbereitung zu unterziehen, die Veranstaltung und den Projektverlauf zu analysieren und zu dokumentieren.

Neben den Controlling und Steuerungsaufgaben spielt bei Dienstleistungsprojekten, zu denen ein Messeprojekt gehört, auch die Mitarbeiterführung für die qualitative Zielerreichung eine wichtige Rolle.

Das Ergebnis einer erfolgreichen Messeprojektarbeit ist die Schaffung einer qualitativ hochwertigen Messe, die über die Dauer der Veranstaltung hinaus geht und damit Kundenzufriedenheit und Kundenbindung schafft.

Um ein Messeprojekt aber erfolgreich führen zu können, benötigt der Projektmanager zweckmäßige und professionelle Methoden und Instrumente.

4 Projektmanagementinstrumente und -methoden

4.1 Steuerungsinstrumente des Projektmanagers

Es existieren zahlreiche Methoden und Instrumente für das Management von Projekten. Neben Steuerungsaspekten beinhalten diese, in unterschiedlicher Ausprägung, auch Aspekte der Projektplanung und Projektkontrolle.

Die wichtigsten Steuerungsinstrumente für den Projektmanager lassen sich in folgende Methoden aufgliedern:

- Konzeptfindung und –bewertung
- systemische Projektplanung
- Realisierungsplanung
- Abwicklung /Aufgabenverteilung
- Steuerung und Controlling

4.1.1 Methoden zur Konzeptfindung und –bewertung

Zu den bewährten Methoden zählen die Kreativitätstechniken und die Qualitätszirkel oder die Scoring-Tabellen zur Bewertung der Konzepte.

In diesem Buch soll nicht auf jede einzelne Methode eingegangen werden, da die meisten bei der Durchführung von Messeprojekten nicht zur Anwendung kommen. Bei der Konzeptfindung von Messeprojekten kann aber die Kreativitätstechnik unterstützend wirken.

Um die Eingefahrenheit des Denkens bei der Konzeptfindung oder auch Problemlösung zu durchbrechen und möglichst viele Ideen zu generieren kann man sich gewisser Techniken, den sogenannten Kreativitätstechniken, bedienen. Verschiedene Ansätze ermöglichen es, eine für jedes geplante Projekt passende Technik zu finden.[1]

---

[1] vgl. Infoquelle, website

Die Assoziationstechniken wie z.B. die Brainstorming-Methode dient dem Aufspüren von Neuem und um das Sammeln, möglichst vieler Ideen, ohne Zensur.

Die Systematischen Verfahren dienen dazu, die gefundenen Ideen zu ordnen, strukturieren und in eine Form zu bringen.

Hierzu zählen Methoden wie die Morphologische Matrix, Umkehrmethode und die Osborn-Methode.

In der Nachbereitungsphase eines Messeprojekts und als Grundlage für die Konzeptentwicklung der nächsten Messeveranstaltung könnte mit Hilfe der Osborn-Methode die beendete Messeveranstaltung analysiert und strukturiert werden, indem z.B. hinterfragt wird, ob sich durch Änderungen wie Verkleinerungen, Verkürzung oder bei der Wegnahme von Faktoren, die gleiche Qualität der Veranstaltung erzielen lässt. So können Konzeptänderungen für das nächste Messeprojekt erfolgen. Die zu einer effizienteren Durchführung des Projekts, bei evtl. geringerem Ressourceneinsatz und gleich bleibender Qualität, führen können.

Die Problematik bei rotierenden Projekten ist der harte Termindruck, der zur Neigung des Verbleibens bei einem bewährten Konzept führt.

Man sollte aber nicht vergessen, was Philipp Rosenthal schon sagte: "Wer aufhört, besser zu werden, hat aufgehört gut zu sein."

Hierbei können die Kreativitätstechniken unterstützen, denn die Kreativität und das Engagement der Mitarbeiter werden für die Leistungsfähigkeit eines Unternehmens immer wichtiger.

4.1.2 Methoden zur systemischen Projektplanung

Sie dienen zur Konzepterstellung eines Projekts. Mit Hilfe der verschiedenen Methoden zur Situationserfassung, Problemanalyse und die Projektauftragsmatrix soll die Abwickelbarkeit und Akzeptanz des Projekts beurteilt werden.[1]

Mit der Situationsanalyse soll ein einheitlicher Informationsstand über das Projekt geschaffen werden, indem alle Aspekte der Ist-Situation von allen Beteiligten beleuchtet werden. Die erörterten Themen werden in tabellarischer Form erfasst und

---

[1] vgl. Kraus/Westermann (2001), S. 65ff

strukturiert. Zuerst erfolgt eine Betrachtung der Ausgangssituation, also wie war der letzte Projektverlauf der „Messe X", welche Ressourcen stehen zur Verfügung, usw.. Als nächstes werden die Ereignisse und Faktoren, die einen Einfluss auf den Projektverlauf haben könnten, aufgeführt. Es stellt sich die Frage nach der wirtschaftlichen Lage potentieller Aussteller, nach sonstigen Marktveränderungen oder nach der Existenz von Konkurrenzveranstaltungen.

Zur Situationserfassung gehört auch das Festhalten der subjektiven Meinungen einzelner, denn dadurch kann festgestellt werden, ob die einzelnen Beteiligten hinter dem Projekt stehen. Die Dokumentation der zu erwartenden Schwierigkeiten rundet die Analyse ab. Durch diese strukturierte und klare Auflistung ist es dem Projektmanager und dem Team möglich, einen einheitlichen Informationsstand zu erhalten.

Die Problemanalyse findet nur Anwendung, wenn ein ersichtliches Problem behoben werden soll. Mit Hilfe der Ursachenforschung wird der Grund und die Folgen eines Problems in einem Organigramm dargestellt.

Da der Auslöser eines Messeprojekts nicht die Problembehebung, sondern die Schaffung eines Dienstleistungsprojekts ist, wird die Problemanalyse nicht näher erläutert.

Ein weiteres wichtiges Instrument für die Projektplanung ist die Projektauftragsmatrix, die eine Aussage über die Machbarkeit des Projekts ermöglicht. Bei der Planung einer neuen Messeveranstaltung kann mit Hilfe dieser Methode im Vorfeld geprüft werden, ob das Projekt durchführbar ist.

Es werden mehrere Schritte in einer Matrix zusammengefasst und somit wird ein schneller Überblick geschaffen. Zum ersten Schritt gehört die Zieldefinition, also das setzen erreichbarer Ziele und vor allem die Festlegung der Messgröße, damit jeder weiß, wann das Ziel erreicht ist.

War die Messeveranstaltung zum Beispiel erfolgreich, wenn:

- 50% der Hallenkapazität vermietet war?
- alle großen Aussteller der Branche auf der Messe vertreten waren?
- 20% internationale Aussteller beteiligt waren?

Nur wenn allen Projektmitarbeitern klar ist, wo die Meßlatte sitzt, kann das Ziel auch erreicht werden.

Es ist sinnvoll, die Zieldefinition aufzugliedern in das Projektziel und in einzelne Teilziele, die überschaubar sind und in ihrer Summe das Projektziel ergeben.

Anschließend wird die Maßnahmenplanung durchgeführt. Die Aufgabe hierbei ist es, geeignete Maßnahmen zum Erreichen der festgelegten Teilziele aufzustellen und diese dann auf ihre Plausibilität zu überprüfen.

Im dritten Schritt wird der zu erwartende Aufwand und der Nutzen festgelegt. Dies beinhaltet zum einen die Schätzung der zu erwartenden Kosten und Personalstunden, zum andern wird der erhoffte Nutzen definiert durch Angaben, ob ein guter Deckungsbeitrag erreichbar ist oder ob die Veranstaltungsstruktur der Messegesellschaft eine sinnvolle Ergänzung durch das neue Messeprojekt erfährt.

Um eine vernünftige Aussage über die Erfolgschancen des Projekts zu treffen, müssen aber auch die Risiken benannt und analysiert werden, dies erfolgt im letzten Schritt.

Projekt:	Projekt-auftragsmatrix			Team:		Datum: Blatt:	
Ziele	**Beschreibung**			**Messgröße**	**Nutzen**	**Aufwand**	**Risiken**
Oberziel							
Projektziel							
Teilziel	Teilziel 1	Teilziel 2	Teilziel 3	Teilziel 1	Teilziel 1	Teilziel 1	
Maßnahmen				Teilziel 2	Teilziel 2	Teilziel 2	
				Teilziel 3	Teilziel 3	Teilziel 3	

Abb. 10: Aufbau einer Projektauftragsmatrix[1]

4.1.3 Methoden zur Realisierungsplanung

Wurde die Realisierbarkeit und der Nutzen des Projekts nachgewiesen, dann muss der Projektleiter das Projekt so aufbereiten, dass ein reibungsloser Projektablauf erfolgen kann und dass geeignete Faktoren festgelegt werden, um das Projekt steuerbar zu machen.[2]

---

[1] vgl. Kraus/Westermann (2001), S. 84
[2] vgl. Kraus/Westermann (2001), S. 85ff

Als Methoden kommen hier der Projektstrukturplan und der Phasenplan zur Anwendung.

Der Projektstrukturplan leistet bei der Projektplanung und -durchführung dem Projektmanager wertvolle Dienste. Er bietet eine gute Möglichkeit, dem Projekt eine, von allen akzeptierte, Struktur zu geben und es zu visualisieren. Er verschafft eine Übersicht über alle Aufgaben des Projekts.

Das komplette Aufgabenfeld, das zu komplex ist, um es im gesamten zu überschauen, wird in einzelne Teilaufgaben zerlegt.

Die definierten Teilprojekte werden wiederum zerlegt, in Hauptarbeitspakete und Arbeitspakete. So entstehen verschiedene Ebenen, je nach der Größe eines Projekts variiert die Anzahl der Ebenen. Die Aufteilung der Aufgaben kann nach Objekten oder nach Funktionen erfolgen, meist wird aber die Aufteilung beider Varianten gewählt.

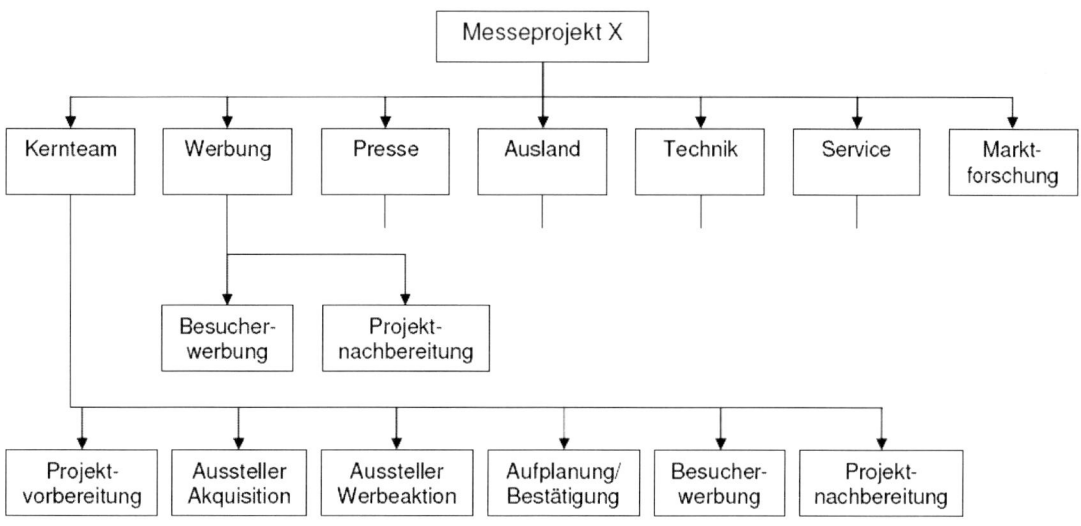

Abb. 11: Projektstrukturplan Messe X

Der Phasenplan dient zur Grobterminierung des Projektablaufs und ist damit ein anderes wichtiges Instrument für den Projektleiter. Hierbei werden den, im Projektstrukturplan definierten, Arbeitspaketen Zeitgrößen zugeteilt. Dadurch kann eine Terminaussage für das ganze Projekt getroffen werden. Das gesamte Projekt wird in Phasen gegliedert, denen die entsprechenden Arbeitspakete zugeordnet werden. Siehe hierzu Abbildung 7, Phasen eines Fachmesseprojekts.

Am Ende jeder Phase wird ein Meilenstein gesetzt. Die Meilensteine dienen als Instrument zur Soll-Ist-Kontrolle des Projektverlaufs.

Im Phasenplan werden somit die Projektphasen und die Ergebnisse, die zu einem Meilensteintermin vorzuliegen haben, festgelegt. Durch die Zuordnung der einzelnen Arbeitspakete zu den Projektphasen ist es möglich, den Arbeitsaufwand und die Kosten je Projektphase ersichtlich zu machen.

4.1.4 Methoden zur Abwicklung /Aufgabenverteilung

Bei der Durchführung des Projekts ist es für jeden Projektteilnehmer wichtig, seine Verantwortlichkeiten und den nötigen Informationsfluss, genau zu kennen. Die Projektrealisierung erfordert also eine Aufgabenaufgliederung und -verteilung, um die Planungsschritte umzusetzen.[1]

Die für die Aufgabenverteilung eingesetzten Instrumente sind z.B. die IMV-Matrix und der Aktionsplan.

In der IMV-Matrix (Information, Mitarbeit, Verantwortung) wird jeder Projektmitarbeiter und die Projektaufgaben abgebildet. Hier kann dann dargestellt werden, wer an einer Aufgabe arbeitet, wer verantwortlich ist und wer informiert werden muss.

IMV-Matrix					
Arbeitspakete	Projektbeteiligte	PTM 1	PTM 2	PTM 3	PTM 4
Servicemappe		V	M		I
Werbemittelangebot		V		M	I
Aufplanung		V/M			I
Rechnungsstellung		V/M			I

PTM = Projektteam-
mitarbeiter

I = wird informiert
M = Mitwirkung
V = Verantwortung

Abb. 12: Beispiel einer IMV-Matrix[2]

Durch Anwendung der IMV-Matrix ist es jedem Projektteammitarbeiter auf einen Blick möglich, nicht nur sein Arbeitspaket zu sehen, sondern die Zusammenhänge der einzelnen Arbeiten zu erkennen.

---

[1] vgl. Kraus/Westermann (2001), S. 122ff
[2] vgl. Kraus/Westermann (2001), S. 123

Mit dem Aktionsplan werden Aufgaben definiert, delegiert und terminiert.

Hier wird der Inhalt der Aufgabe beschrieben, die verantwortliche Person wird benannt und ein Termin bis wann diese Aufgabe erledigt sein muss wird festgelegt.

Position	Was?	Wer?	Bis wann?
1	Prospekt Text/Layout	Projektmitarbeiter A	KW 26
2	Prospekt Druck	Projektmitarbeiter B	KW 30
3	Prospekt Mailing	Projektmitarbeiter C	KW 33

Abb. 13: Beispiel eines Aktionsplans[1]

Der jeweilige Fortschritt der Arbeiten und die Erfüllung der Sollvorgaben wird dann durch die Projektsteuerung überwacht.

4.1.5 Methoden zur Steuerung und Controlling

Die erarbeiteten Termin-, Kosten- und Projektstrukturpläne dienen als Grundlage für die Überwachung und Steuerung des Projektablaufs. Diese Aufgabe kann aber nur dann ausgeübt werden, wenn die Pläne in regelmäßigen Abständen dem tatsächlichen Projektfortschritt angepasst werden.

Die Abstimmung von Soll- und Ist-Daten setzt eine geregelte Berichterstattung der Projektmitarbeiter an den Projektmanager voraus. Das A und O der Projektsteuerung ist somit die Kommunikation. Diese sollte ständig während des Projektverlaufs gepflegt werden und nicht nur durch das Abliefern von Berichten und wöchentlichen Meetings. Kommunikation innerhalb des Teams muss als kontinuierlicher Prozess betrachtet werden. Lässt die Auswertung der Berichte Abweichungen erkennen, so ist zu prüfen, ob kritische Tätigkeiten in ihrer termingerechten Abwicklung gefährdet sind und ob damit der Beginn von Folgetätigkeiten betroffen wird.

Festgestellte Abweichungen müssen zu einer Überarbeitung des Planes oder zur Einleitung von Gegenmaßnahmen führen. Dieser Zyklus von Planung, Durchführung, Rückmeldung der Ist-Daten und Überarbeitung des Planes wiederholt sich in periodischen Abständen, bis das Projekt beendet ist.

---

[1] vgl. Kraus/Westermann (2001), S. 124

33

Als Hilfsinstrument für den Projektmanager, um die nötigen Informationen über den Projektstand zu bekommen, dient der Statusbericht.

Der Statusbericht sollte folgende Angaben enthalten:

- Projektbezeichnung
- Status der Ziele des Projektes
- Datum und Inhalt der Meilensteine
- Stand der einzelnen Arbeitspakete
- Zusammenfassende Aussage zum Stand
- Erläuterung und Begründung von Änderungen und Abweichungen
- Auflistung der ergriffenen Maßnahmen, um bei Abweichungen das Ziel zu erreichen
- Prognose

Die Häufigkeit der Berichterstattung ist je nach Phase des Messeprojekts unterschiedlich. Zu Beginn des Messeprojekts reicht ein monatlicher Zwischenbericht aus. Im weiteren Verlauf des Projekts verkürzen sich dann die Abstände, in der Regel erfolgt im letzten halben Jahr vor Veranstaltungsbeginn ein wöchentlicher Statusbericht.

Innerhalb des „Kernteams" findet der Abgleich als kontinuierlicher Prozess statt. Das Kernteam besteht aus ca. 2-4 Personen, die in der Regel in 2-3 Messeprojekten zur gleichen Zeit arbeiten.

Eine Steuerung ist aber nur möglich, wenn die Richtung und potenzielle Abweichungen auch erkennbar sind. Um Abweichungen festzustellen gibt es prinzipiell zwei Arten, zum einen die Kontrolle und zum andern die Trendanalyse/Prognose.

Bei der Soll-Ist-Kontrolle werden Abweichungen erst festgestellt, wenn sie bereits aufgetreten sind. Erst dann kann steuernd in den Projektverlauf eingegriffen werden. Mit Hilfe der Prognose wird versucht, Aussagen über die möglicherweise zukünftigen Entwicklungen und Zustände des Projekts zu treffen. Dies ist sehr wichtig, da eine Planung immer einen oder mehrere ungewisse Faktoren beinhaltet. Allein mit der Soll-Ist-Kontrolle, kann keine effektive Projektsteuerung erfolgen, denn so werden die, bei einer Abweichung einzuleitenden Maßnahmen, oft zu spät getroffen. Durch die Prognose lassen sich Abweichungen geringer halten, deshalb lässt sich das Ziel schneller erreichen.

Das Projektcontrolling ist somit ein fester Bestandteil der Projektsteuerung.

Zu den angewandten Methoden des Projektcontrolling gehören die Terminkontrollen, Meilensteinüberwachung, Leistungsfortschrittskontrolle, Projekttrendanalyse und das Berichtswesen. Siehe hierzu Punkt 4.2 Controlling im Projekt.

Ein weiteres Instrument, das über die gesamte Projektdauer zur Anwendung kommt, ist die Projektdokumentation. Sie dient zum dauerhaften Festhalten von Projektplanung, Projektdurchführung und der Projektergebnisse. Ohne eine genaue Projektdokumentation ist das Projekt später nicht mehr nachvollziehbar.

Inhalt der Projektdokumentation sollte sein:

- Beschreibung des ursprünglichen Ziels
- Dokumentation der getroffenen Entscheidungen mit Begründung
- Auflistung der Abweichungen mit Analyse
- Die Ergebnisse des Projekts

4.2 Controlling im Messeprojekt

Mit dem Begriff Controlling verbinden viele Menschen etwas Negatives. Sie setzen den Begriff gleich mit Kontrollieren und Nachspionieren. Darum wird dem Controlling und den damit verbundenen Instrumenten oft eine gewisse Skepsis entgegengebracht. Doch der Begriff „control" stammt aus dem angelsächsischen Sprachraum. Zu übersetzen ist er mit Überwachung, Prüfung, Steuerung und Regler[1]. „To Control" bedeutet damit, eine Handlung zu überwachen, prüfen um dann steuernd und regelnd in den Handlungsverlauf eingreifen zu können.

Controlling ist also ein Steuerungsinstrument, das mit einem Regler eines Regelkreises verglichen werden kann. Die erreichten Ist-Werte werden mit den vorgegebenen Soll-Werten verglichen, bei Abweichungen werden geeignete Maßnahmen eingeleitet.

---

[1] vgl. Klatt und Roy (1983), S. 131

4.2.1 Arten der Projektkontrolle

Es gibt die unterschiedlichsten Kontrollmöglichkeiten. Was kontrolliert wird und welche Methoden zur Anwendung kommen, hängt vor allem auch vom angewanden Planungsinstrument ab.

Generell gilt es, im Messeprojekt folgende Faktoren zu überwachen:

- Kosten: Bisher angefallene Kosten und noch zu erwartende Kosten
- Leistungen: Bisher erbrachte Leistungen und die noch zu erbringenden
- Ziele: Die bisher erreichten Ziele und die gesetzten Ziele
- Zeit: Eine Zeitüberwachung findet im Rahmen der Meilensteinüberwachung statt.

4.2.1.1 Terminüberwachung

Die Terminüberwachung wird mit Hilfe eines Projektfortschrittsplans oder der Meilenstein-Trendanalyse durchgeführt.
Im Projektfortschrittsplan werden in Form eines Balkendiagramms, die Soll-Vorgaben und Ist-Stand aller Aktivitäten dargestellt. So ist ersichtlich, wieweit das Projekt zu einem festgesetzten Zeitpunkt fortgeschritten ist.

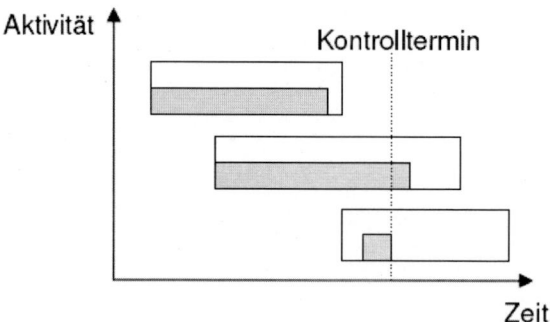

Abb. 14: Projektfortschrittsplan[1]

Die Meilenstein-Trendanalyse dient dazu mögliche Abweichungen frühzeitig zu erkennen. Da bei Messeprojekten der Endtermin unabänderlich feststeht, ist es hier

---

[1] Janisch H. (2002), S. 45

besonders wichtig, Terminabweichungen möglichst früh zu erkennen, um rechtzeitig Gegenmaßnahmen einleiten zu können.

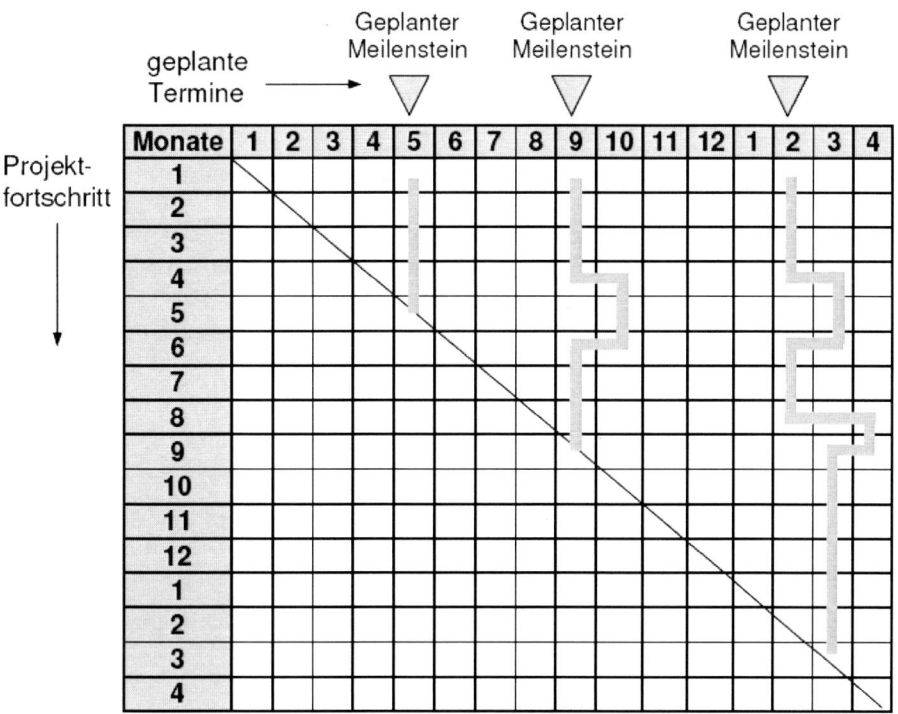

Abb. 15: Beispiel einer Meilenstein-Trendanalyse[1]

Bei der Trendanalyse geht es darum, dass bei den regelmäßigen Teamsitzungen nicht nur der aktuelle Projektstand ermittelt wird, sondern dass beurteilt wird, ob die Termine der bevorstehenden Meilensteine eingehalten werden können, oder zu welchen früheren oder späteren Terminen die Meilensteine voraussichtlich erreicht werden. Aus der Aneinanderreihung verschiedener Schätzwerte pro Meilenstein, lässt sich ein Trend für die Entwicklung interpretieren. Bei angenommenen Abweichungen hat nun der Projektmanager die Möglichkeit frühzeitig geeignete Gegenmaßnahmen einzuleiten, so dass die Ziele des nächsten Meilensteins noch erreicht werden können.

---

[1] Kraus/Westermann (2001), S. 130

4.2.1.2 Kostenüberwachung

Der Projektmanager muss die Entwicklung des zu erreichenden Deckungsbeitrags des Messeprojekts und die anfallenden Kosten über den gesamten Projektverlauf beobachten und verfolgen.

Somit muss das Ziel einer Kostenüberwachung sein, jederzeit den Überblick über die bisher angefallenen Kosten und die noch zu erwartenden Kosten zu haben. Bei sich abzeichnenden Abweichungen können dann sofort die nötigen korrektiven Maßnahmen durch den Projektmanager eingeleitet werden.

Die Kostentrendanalyse ist eine Methode zur Kostenverfolgung in Projekten. Der geplante Kostenverlauf wird den tatsächlichen Kosten gegenübergestellt. Weichen diese Linien voneinander ab, zeigt sich eine Kostenabweichung im Projektverlauf. Auch hier ist die Beurteilung der zukünftigen Entwicklung zu erstellen und im Diagramm darzustellen.

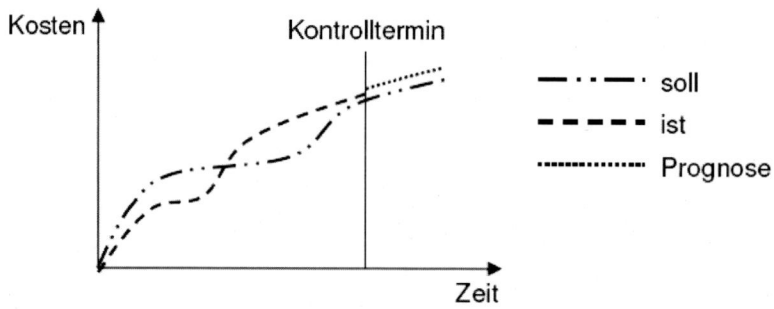

Abb. 16: Kostentrendanalyse[1]

4.2.1.3 Leistungsüberwachung

Der Projektleiter sollte regelmäßige eine Leistungsüberwachung durchführen, besonders wenn die Arbeitspakete über einen längeren Zeitraum gehen. So kann er und das Team sicherstellen, dass das Projekt im Rahmen der gemeinsamen Erwartungen liegt oder dass es bei einzelnen Arbeitspaketen Schwierigkeiten bereiten könnte, die Vereinbarung erfolgreich zu erfüllen.

---

[1] Janisch H. (2002), S. 45

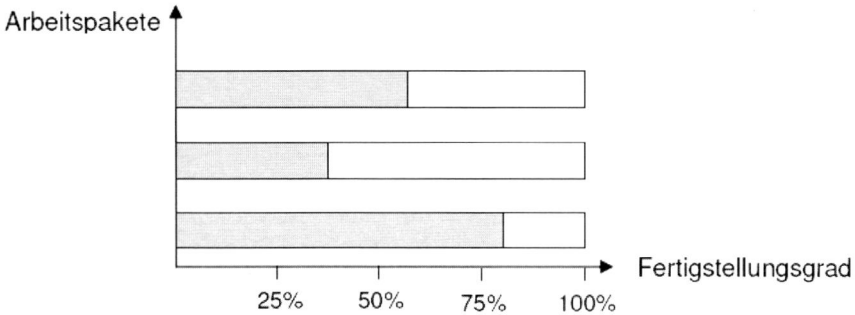

Abb. 17: Leistungsfortschrittskontrolle[1]

4.2.1.4 Zielüberwachung

Zur Zielüberwachung gehören die Termin- und Kostenüberwachung.

Die quantitativen Ziele, wie Flächenvermietung, Aussteller- und Besucherzahlen, Zahl der Altaussteller und Neuaussteller, können ebenfalls durch eine graphische Darstellung überwacht werden. Dies erfolgt meist im Vergleich zu der stattgefundenen Vorveranstaltung.

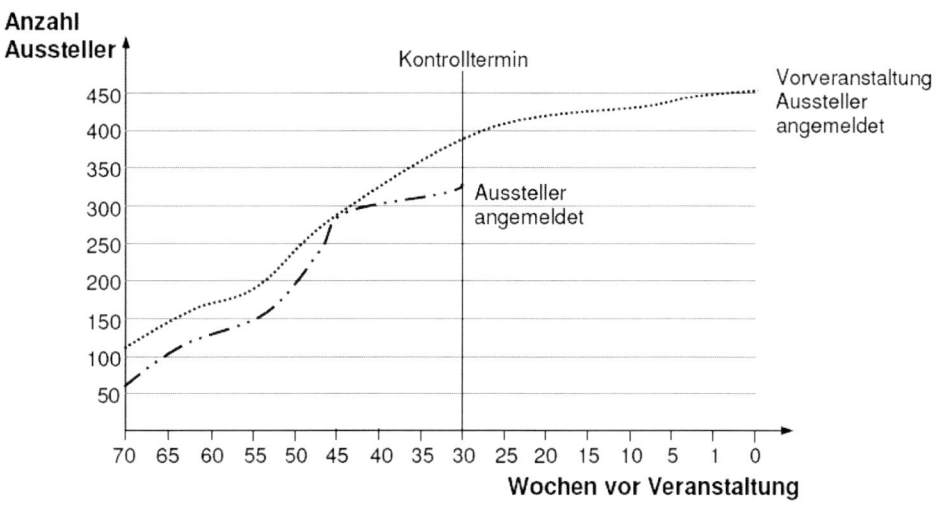

Abb. 18: Beispiel Anmeldestand der Aussteller

Die Überprüfung der qualitativen Ziele erfolgt bei Messegesellschaften durch Kundenbefragungen, um die entsprechenden Informationen über die Attraktivität der Messe, Servicequalität und die allgemeine Kundenzufriedenheit zu bekommen.

---

[1] Janisch H. (2002), S. 45

Wichtig ist, diese Befragungen und Überprüfungen laufend durchzuführen. Diesen Ablauf macht die nachfolgende Abbildung deutlich.

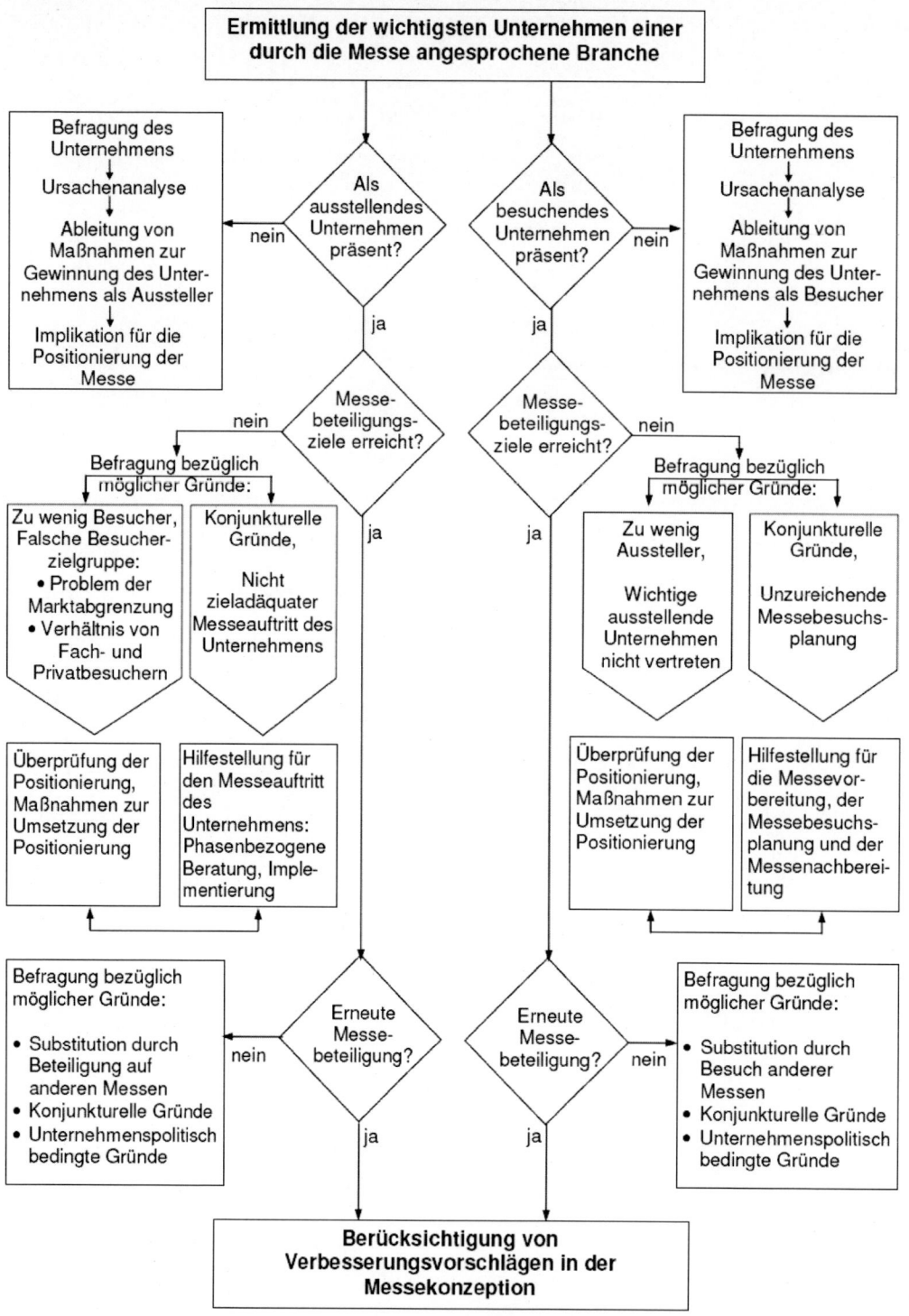

Abb. 19: Messecontrolling der Kundentreue primärer Interessengruppen durch den Messeveranstalter[1]

[1] Robertz G. (1999), S. 222

4.2.2 Darstellung von Informationen

Um die gerade beschriebenen Steuerungsinstrumente nutzen zu können, benötigt der Projektmanager eine Fülle an Informationen. Um diese Informationen bewältigen und verstehen zu können, lassen sie sich als Tabellen, Schaubilder und Kennzahlen darstellen.

Tabellen: Sie helfen Informationen zu strukturieren, in Beziehung zu setzen und sind hilfreich für Kalkulationen.

Schaubilder: Sie dienen zur Visualisierung von Informationen, sind leicht zu verstehen und werden gut wahrgenommen.

Kennzahlen: Sie sind ein Mittel zur Beschreibung, Erklärung oder Vorhersage bestimmter Sachverhalte. Mit ihrer Hilfe ist es möglich, Zielvorgaben zu formulieren und diese zu messen.

4.3 Kennzahlen als ein Instrument des Projektmanagements

Gemessen werden können alle Arten von Leistungen, hierfür lassen sich Kennzahlen ermitteln.
Damit die Kennzahlen ein leistungsfähiges Instrument für das Projektmanagement sein können, sollte im Vorfeld eine Prüfung der relevanten Ziele und die dafür benötigten Kennzahlen erfolgen. Sonst besteht leicht die Gefahr, dass zuviel gemessen wird und dann verlieren die Zahlen an Bedeutung.

4.3.1 Kennzahlen

„Kennzahlen verdichten betriebliche Informationen zu einer aussagefähigen Zahl und verdeutlichen gleichzeitig größere Zusammenhänge im Unternehmen."[1]

---

[1] Vollmuth H. (2002), S. 9

Es lassen sich also mit Hilfe von Kennzahlen komplexe Sachverhalte erfassen und darstellen. D.h. sie dienen nicht nur dazu unternehmensrelevante Zusammenhänge zu erfassen sondern auch dazu, die komplexen Zusammenhänge in einem Projekt in einfacher Form darzustellen.

4.3.2 Die Bildung von Kennzahlen

Bei der Bildung von Kennzahlen lassen sich die Zahlen in absolute, Verhältnis- und Richtzahlen unterteilen.

Absolute Kennzahlen kann man durch Messung oder Zählung erhalten. Es sind Einzelzahlen, Summen, Differenzen oder Mittelwerte.
Ein Beispiel für eine absolute Kennzahl wäre der erreichte Deckungsbeitrag einer Messeveranstaltung.

Verhältniszahlen lassen sich aus absoluten Zahlen berechnen oder setzen diese in Beziehung zueinander. D. h. Verhältniszahl = zu messende Wert / Bezugsgröße. Verhältniszahlen werden in drei Arten untergliedern:

- Gliederungszahlen
  Hier wird eine Teilmasse zur zugehörigen Gesamtmasse in Beziehung gesetzt. Sie gibt damit das anteilige Verhältnis zur Bezugsgröße wieder. Z.B. Fachbesucheranzahl eines Tages X / Gesamte Fachbesucheranzahl der Messeveranstaltung.
- Indexzahlen
  Hier werden gleichartige, aber zeitlich oder räumlich getrennte Mengen zu einer Basismenge in Beziehung gesetzt. Ein Wert eines bestimmten Zeitpunktes wird gleich 100 gesetzt, alle späteren oder früheren Zeitpunkte zeigen dann die prozentuale Abweichung zu diesem Bezugzeitpunkt an. Zeitliche Entwicklungen können so gut dargestellt werden. Zum Beispiel könnte man die Entwicklung der vermieteten Flächenzahlen verschiedener Jahre im Vergleich zur vermieteten Flächenzahl eines Basisjahres aufzeigen.
- Beziehungszahlen
  Sie zeigen die Verbindung zwischen zwei verschiedenen Größen, zwischen

denen es aber einen logischen Zusammenhang gibt. Sie erleichtern somit den Einblick in bestimmte Zusammenhänge. Die entstandenen Kosten für die Ausstellerwerbung je Quadratmeter ist eine solche Beziehungszahl.

<u>Richtzahlen</u> werden ermittelt, indem analysierte Zahlen zu branchenspezifischen oder marktbezogenen Durchschnittszahlen in Beziehung gesetzt werden.

4.3.3 Warum Kennzahlen ermittelt werden

Sie sind ein wichtiges Instrument überall dort, wo Messungen, Kontrollen und Steuerungen durchzuführen sind oder komplexe Zusammenhänge dargestellt werden müssen. Mit ihnen ist ein Soll-Ist-Vergleich von Planungen und gesetzten Zielen möglich und sie können rechtzeitig Signale für mögliche Fehlentwicklungen geben.

Kennzahlen finden in allen Unternehmensbereichen Einsatzmöglichkeiten. Mit ihnen kann der Gesamterfolg des Unternehmens, die Effektivität einzelner Funktionen oder aber die Dienstleistungsqualität messbar gemacht werden.

Bei der Messung handelt es sich um die Ermittlung des aktuellen Stands. Durch den Vergleich mit den Sollwerten kann eine Aussage getroffen werden, inwieweit die Ziele erreicht wurden oder ob sie noch zu erreichen sind. Um richtig aussagekräftig zu sein, ist es wichtig, ständige Messungen durchzuführen, so können die Werte mehrerer Zeitpunkte verglichen werden und es lassen sich Entwicklungen aufzeigen und Prognosen für die zukünftige Richtung erkennen.

4.3.4 Voraussetzungen für eine effektive Nutzung von Kennzahlen

Wichtig ist, dass nicht zu viele Kennzahlen gebildet werden. Wenn die Statistiken und Zahlenreihen zu lang werden, wird es schwierig sie regelmäßig zu verfolgen, denn das Messen und Auswerten der Zahlen kostet Zeit.[1]

---

[1] vgl. Weber M. (2002), S. 22f

Die Kennzahlen müssen für das Team transparent sein. Die Ziele und der Zweck der Kennzahl und der Messung muss erkennbar sein, nur dann können die Zahlen auch motivierend wirken.

Eine weitere Voraussetzung ist, dass Kennzahlen nur für die wichtigsten Erfolgsfaktoren des Projekts gebildet werden und dass sie realistisch gesetzt sind, also erreichbar sind.

Weiterhin gilt es zu berücksichtigen, dass nur quantitative Kennzahlen nicht ausreichen, um über einen Projektstand eine realistische Aussage zu bekommen. Daher ist es wichtig, dass auch Kennzahlen für die qualitativen Faktoren gebildet werden und diese regelmäßig überprüft werden.

4.3.5 Kennzahlenarten

Es gibt eine Reihe von unterschiedlichen Kennzahlenarten, die sich unterschiedlich differenzieren lassen. Kennzahlen können nach ihrer Ausrichtung in strategische und operative Kennzahlen unterschieden werden. Neben dieser Trennung können Kennzahlen auch danach differenziert werden, ob quantitative oder qualitative Faktoren gemessen werden. Ein weiteres Unterscheidungskriterium kann aber auch der Einsatzbereich von Kennzahlen sein.

4.3.5.1 Strategische und operative Kennzahlen

Mit den operativen Kennzahlen können operative Ziele und Unternehmensabläufe überwacht werden, um zu verdeutlichen, wo es Abweichungen gibt und worin diese begründet sind.

Derart lässt sich Effizienz steuern: Werden die Dinge richtig getan?

Die strategischen Kennzahlen sind zur Überprüfung und Steuerung der strategischen Unternehmensausrichtung wichtig. Mit ihnen können die Unternehmensziele abgebildet werden.

Sie steuern die Effektivität: Werden die richtigen Dinge getan?[1]

---

[1] vgl. Weber M. (2002), S. 42

4.3.5.2 Quantitative und qualitative Messung mit Kennzahlen

Die meisten betriebswirtschaftlichen Kennzahlen dienen zur Messung quantitativer Faktoren, d.h. die Tätigkeit oder der Tatbestand ist zählbar und kann mit einem Maßstab, von einem absoluten Nullpunkt ausgehend, gemessen werden.

Die Kennzahl "Besucherzahl einer Veranstaltung / Quadratmeter" wäre ein Beispiel für einen solchen quantitativen, messbaren Tatbestand. Dieser Wert lässt sich rechnerisch aus eindeutigen Werten ermitteln.

Diese harten, messbaren Faktoren werden auch als „hard facts" bezeichnet.

Um eine Gesamtaussage über den Zustand einer Sache oder Handlung zu bekommen müssen auch „soft facts" erhoben werden.[1] Zu den weichen Faktoren zählen z.B. Mitarbeitermotivation oder der Erfüllungsgrad der Kundenbedürfnisse. Die Erhebung dieser weichen Faktoren ist deshalb so wichtig, da diese die harten Faktoren wesentlich beeinflussen. Da zur Ermittlung dieser weichen oder auch qualitativen Faktoren die kardinale Messung nicht funktioniert, wird hierfür die ordinale Messung eingesetzt. Beim ordinalen Messen erfolgt eine Zuordnung zu bestimmten Wertgrößen. Die Bewertung und Beurteilung von qualitativen Faktoren kann nicht durch eine Messung oder Berechnung erfolgen, bei der ordinalen Messung erfolgt die Bewertung nur im Vergleich. Da bei dieser Art von Messung nicht immer die gefühlsmäßige Einschätzung ausgeblendet werden kann, ist es schwierig eine rein objektive Beurteilung zu bekommen.

Aber auch mit den Ergebnissen solcher ordinalen Messungen können Kennzahlen gebildet werden. Wenn beispielsweise die Aussteller einer Messe bei einer durchgeführten Befragung Noten für die Servicequalität vergeben, kann daraus eine Durchschnittszahl errechnet werden und diese kann dann in eine sinnvolle Beziehung zu einer davon abhängigen Ergebnisgröße gesetzt werden, z.B. Anmeldequote für die nächste Messeveranstaltung.

---

[1] vgl. Weber M. (2002), S. 18

4.3.5.3 Einsatzbereiche von Kennzahlen

Kennzahlen können aber auch nach ihren Einsatzbereichen unterschieden werden. Die wohl bekanntesten betriebswirtschaftlichen Kennzahlen sind die, die zur finanziellen Messung dienen. Hierzu zählen Renditekennzahlen wie die Eigenkapitalrentabilität, Umsatzrentabilität oder die Kapitalrentabilität (ROI).
Eine weitere wichtige Zahl ist der Cashflow mit dem das Finanz- und Ertragspotenzial eines Unternehmens dargestellt wird.

Die Kennzahlen, die im Personalbereich Anwendung finden, beruhen sowohl auf harten als auch weichen Faktoren. Die Mitarbeiter im Unternehmen also auch die Teammitarbeiter des Projekts sind Leistungsträger. Sie sind die Basis für den Erfolg des Projekts und des Unternehmens. Daher sind Kennzahlen wie Fluktuationsrate, Fehlzeiten, Kompetenz, Motivation und Zufriedenheit der Mitarbeiter ebenso wichtig für den Projektmanager, wie die „harten" finanziellen Parameter. Zu einer guten Personalführung gehört, die Mitarbeiter zu motivieren und ihren Fähigkeiten entsprechend einzusetzen. Um dies auch zu erkennen, wird eine Aussage über die weichen Faktoren benötigt.

Weiterhin kann durch Kennzahlen eine Aussage über die Marktsituation und Kundenbedürfnisse gewonnen werden.
Für Messegesellschaften als Dienstleister in einem immer enger werdendem Markt, spielen die Wünsche und Bedürfnisse der Kunden und das Verständnis der Marktsituation der Kunden eine immer wichtigere Rolle.
Durch die immer schnellere Veränderung der Märkte ist es wichtig, ständig Marktbewegungen ermitteln und bewerten zu können.

Kennzahlen können aber nicht nur zur eigenen Zielerreichungskontrolle erhoben werden. Es können auch Kennzahlen für das Benchmarking gebildet werden, denn durch den Vergleich mit anderen Messeveranstaltungen besteht die Chance, die eigenen Schwächen zu erkennen und zu verbessern. Benchmarking kann sowohl bei anderen Unternehmen durchgeführt werden, als auch im eigenen Unternehmen im Vergleich mit einer anderen Abteilung oder einem anderen Projektteam.

Die große Kunst bei der Ermittlung der relevanten Kennzahlen besteht darin, die Balance zwischen objektiven und subjektiven, qualitativen und quantitativen, strategischen und operativen Kennzahlen sowie zwischen Messgrößen von Ergebnissen vergangener Tätigkeiten und solchen, die zukünftige Leistungen bewirken zu finden. Von Vorteil ist es, diese relevanten Kennzahlen nicht nur als Einzelzahlen zur Verfügung zu haben, sondern in einem System zusammenzufassen, das überschaubar ist und die einzelnen Kennzahlen verständlich macht.

4.4 Kennzahlensysteme

Einzelne, isolierte Kennzahlen können Zusammenhänge nur ungenügend erfassen und führen somit zu einer Informationsreduktion. Kennzahlensysteme vermeiden dies, da sie aus mehreren Kennzahlen bestehen, die in einer sachlich sinnvollen Beziehung zueinander stehen, sich ergänzen und erklären. Sie sind alle auf ein gemeinsames übergeordnetes Ziel ausgerichtet.

4.4.1 Aufbau eines Kennzahlensystems

Aus einem Kennzahlensystem kann herausgelesen werden, aus welchen Unterkennzahlen sich eine Kennzahl zusammensetzt, so lassen sich an den Kennzahlen die Auswirkungen nur einer Kennzahl ablesen.

Die Verknüpfung der Kennzahlen kann rechnerisch in Rechensystemen, nach sachlogischen Gesichtspunkten in Ordnungssystemen und/oder nach zielsystematischen Aspekten in Zielsystemen erfolgen.[1]

Rechensysteme zerlegen eine Spitzenkennzahl mathematisch in weitere Kennzahlen und führen somit eine Pyramidenbildung herbei, dadurch wird ihre Beziehung zueinander deutlich. Der Erfolg eines pyramidenförmigen Kennzahlensystems steht und

---

[1] vgl. Wolter O. (2002b), S.14

fällt mit der richtigen Wahl der Spitzenkennzahl, da sie die entscheidende Aussage machen soll.[1]

Ordnungssysteme hingegen stellen verschiedene Kennzahlen nach sachlogischen Gesichtspunkten zusammen, zum Beispiel aufgrund von gewonnen Erfahrungen und beziehen sich auf bestimmte Aspekte des Unternehmens.

Zielsysteme bilden ein quantitatives Abbild des Unternehmenszielsystems. Für einen sinnvollen Aufbau eines solchen Systems ist es notwendig, die Zielbeziehungen zu kennen. Die Unterziele dürfen dem Unternehmenshauptziel nicht widersprechen.

4.4.2 Anforderungen an ein Kennzahlensystem

Damit Kennzahlensysteme eine ganzheitliche Betrachtungsweise ermöglichen und Abhängigkeiten und Zusammenhänge erkannt werden können, müssen Kennzahlensysteme gewisse Anforderungen erfüllen:

- Hierarchische Aufbaustruktur des Kennzahlensystems. Die untergeordneten Kennzahlen erklären die übergeordneten.
- Das System sollte mit möglichst wenigen, zentralen Kennzahlen einen genauen und vollständigen Überblick geben. Bei zu vielen Zahlen sollten diese in Indexzahlen zusammengefasst werden.
- Das System sollte dynamisch sein. Es muss möglich sein, das System auf sich ergebende Veränderungen anpassen zu können.
- Im System sollten sowohl langfristige als auch kurzfristige Kennzahlen berücksichtigt werden.
- Es soll ausgewogen sein und neben den finanziellen Faktoren auch die Kunden- und Mitarbeiterbedürfnisse miteinbeziehen.

4.4.3 Kennzahlensystemarten

Die bekanntesten Kennzahlensysteme sind das ROI-Kennzahlensystem (DuPont), das ZVEI-Kennzahlensystem und das RL-Kennzahlensystem, welche sich insbeson-

---

[1] vgl. Ehrmann H. (1999), S. 214

dere auf finanzielle Kennzahlen konzentrieren. Die Verwendung quantitativer Größen verdeutlichen die Zusammenhänge zwischen den finanziellen Kennzahlen.

Die nicht-finanziellen Größen, die für die Leistungsmessung und für die Markt- und Kundenorientierung ausschlaggebend sind werden bei diesen Systemen nicht berücksichtigt. In den letzten Jahren sind verschiedene Ansätze entwickelt worden, um Kennzahlensysteme zu entwickeln, die diese Faktoren miteinbeziehen und so ein umfassendes Controlling-Werkzeug schaffen.

Zu diesen nichtmonetären Kennzahlensystemen gehören die Balanced Scorecard, das Tableau de Bord und der Return on Quality (RoQ).

4.4.3.1 ROI-Kennzahlensystem

Das ROI-Kennzahlensystem wurde 1919 vom Chemiekonzern DuPont entwickelt und ist daher auch unter dem Namen DuPont-Kennzahlensystem bekannt. Hier steht nicht die Gewinnmaximierung, sondern die relative Größe Gesamtkapitalrentabilität (ROI) an der Spitze des Kennzahlensystems, welche sich mathematisch in andere Kennzahlen aufgliedern lässt. Der ROI gibt Auskunft über den Kapitalumschlag und Umsatzrentabilität. Der Kapitalumschlag informiert über Anlage- und Umlaufvermögen und die Umsatzrentabilität zeigt verschiedene Kosteneinflussfaktoren auf.

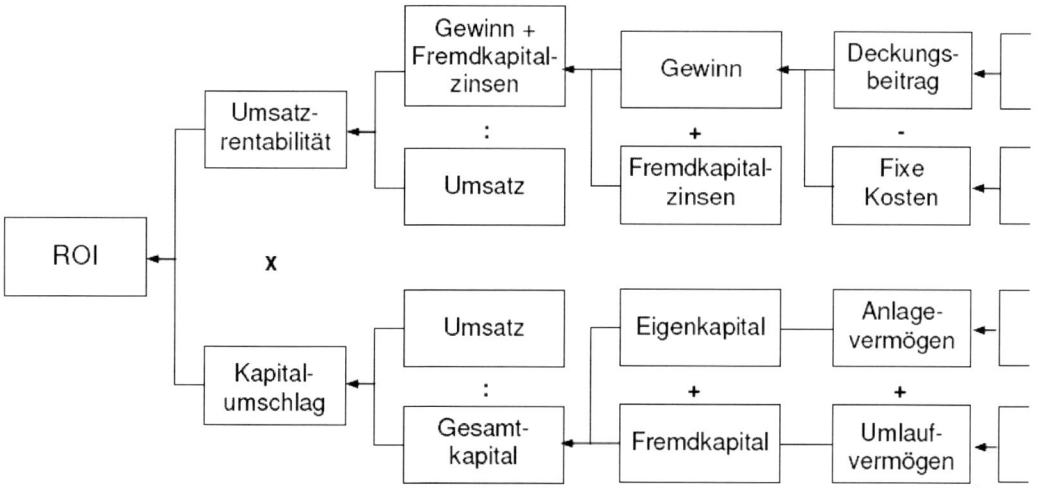

Abb. 20: ROI-Kennzahlensystem [1]

---

[1] Vollmuth H. (2002), S. 89

4.4.3.2 ZVEI-Kennzahlensystem

Dieses System wurde 1970 von dem Zentralverband der Elektrotechnischen Industrie vorgestellt. Das System weist mit seinen mehr als 140 Kennzahlen eine beträchtliche Komplexität auf. Es enthält Bestandteile eines Rechen- und eines Ordnungssystems und unterscheidet zwei Analysebereiche, eine qualitative Wachstumsanalyse mit einem periodischen Vergleich von absoluten Zahlen sowie eine Strukturanalyse, welche von der Eigenkapitalrentabilität als Spitzenkennzahl ausgeht und sich auf mehrere Sektoren erstreckt.

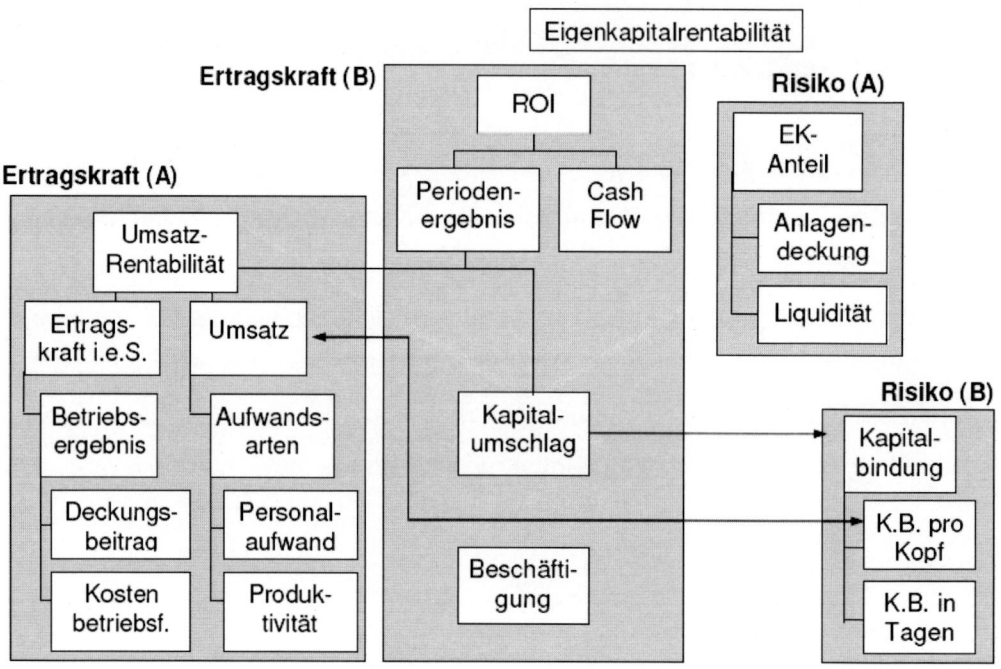

Abb. 21: ZVEI-Kennzahlensystem [1]

Die Unterscheidung zwischen Ertrags- und Risikozahlen ist allerdings nicht immer einleuchtend. Aufgrund des erheblichen Umfangs des Kennzahlensystems erfolgt hier nur eine schematische Darstellung.

---

[1] Vetschera, R. (1999), S. 14

4.4.3.3 RL-Kennzahlensystem

1977 entwickelten Reichmann und Lachnit ein Kennzahlensystem, das als zentrale Zielgrößen den Erfolg und die Liquidität an die Spitze stellt. Es besteht aus einem allgemeinen Teil mit Liquiditäts- und Erfolgsanalyse und einem Sonderteil zu Umsatzanteilen, Kostenstruktur und Deckungsbeiträgen. Die Erfolgsanalyse beruht im wesentlichen auf die Rentabilitätsgrößen des ROI, Eigenkapital, und dem Gesamtkapital. Die Kennzahlen des Cash-Flow und Working Capital bilden die Grundlage zur Liquiditätsanalyse.[1]

4.4.3.4 Balanced Scorecard

Die Balanced Scorecard wurde Anfang der neunziger Jahre von Kaplan und Norton als ein strategisches, kennzahlenbasiertes Managementsystem entwickelt.

Ziel ist es, mit diesem Kennzahlensystem das Umsetzen der Unternehmensstrategie umfassend beurteilen zu können. Die BSC geht davon aus, dass die finanziellen Kennzahlen nicht ausreichen, um die Unternehmensziele abzubilden und zu messen. Daher werden in der BSC finanzielle mit nichtfinanziellen Kennzahlen verknüpft.

Die BSC geht von vier Perspektiven aus: Finanzen, Kunden, Prozesse und Lernen/Entwicklung. Basierend auf den finanziellen Unternehmenszielen wie zum Beispiel Umsatzwachstum, sollen die kundenbezogenen Ziele des Unternehmens abgeleitet werden. Zum Beispiel könnte eine bestimmte Erstausstellerquote ein solches kundenbezogenes Ziel sein. Nach Festlegung der Kundenziele, stellt sich die Frage, welche Prozessziele erreicht werden müssen, um die Kundenziele erreichen zu können. Typische Prozesszielkennzahlen wären z. B. Durchlaufzeiten und Qualitätskennzahlen. Sie zeigen, wie effizient die Unternehmensprozesse ablaufen. Ähnlich verhält es sich mit den Zielen und Kennzahlen in der Perspektive Lernen und Entwicklung. Diese Perspektive informiert über das Know-how der Mitarbeiter und die

---

[1] vgl. Reichmann T. (1995), S. 32ff

Kernkompetenzen des Unternehmens. Die Kennzahlen hierfür sind zum Beispiel Bildungsaufwendungen, Fluktuation und Umsatzanteil von Neuprodukten.[1]

Abb. 22: Beispiel der Balanced Scorecard [2]

4.4.3.5 Tableau de Bord

Auch das Tableau de Bord verbindet finanzielle mit nichtfinanziellen Kennzahlen um den Unternehmenserfolg zu messen. Es wurde 1959 von Lauzel und Cibert konzipiert und in den achtziger Jahren weiterentwickelt. In Frankreich ist das Tableau de Bord weit verbreitet.

Mit dem Tableau de Bord werden ähnlich der Balanced Scorecard vier Bereiche betrachtet, Aktivitäten, Kosten, Vorräte und Finanzen.

---

[1] vgl. Wolter O. (2002b), S.22f und M. Weber (2002), S. 47f
[2] vgl. Wolter O. (2002b), S.23

Für jeden Unternehmensbereich stehen unterschiedliche Messtafeln zur Lösung ihrer Aufgaben zur Verfügung. Das Tableau de Bord ist so angelegt, dass alle Organisationseinheiten umfasst werden.

Ziel ist es, die einzelnen Aktivitäten jeder Organisationseinheit beurteilen zu können um somit verdeutlichen zu können, welchen Beitrag sie zur Erreichung der Unternehmensstrategie leisten. Jeder Organisationsbereich arbeitet mit zahlreichen unterschiedlichen Tableaus, entsprechend seinen Aufgaben, um so die Zielerreichung des Bereichs zu beurteilen, z.B. Tableau des provisions (Rückstellungen) oder Tableau de bord de la qualité (Produktqualität).[1]

4.4.3.6 Return on Quality

Der Return on Quality (RoQ) von Kamiske betrachtet den Gewinn als Funktion der Qualität.

Dieser Ansatz geht davon aus, dass durch qualitätssteigernde Maßnahmen die Rentabilität eines Unternehmens zunimmt. Dies soll mit Hilfe zweier Faktoren geschehen, zum einen durch eine Qualitätssteigerung der Unternehmensleistung für den Kunden und zum anderen durch die Senkung der Kosten für Nutz-, Stütz-, Blind- und Fehlleistungen. Durch die Berücksichtigungen der Kundenwünsche und der Verbesserung der Serviceleistungen soll eine Wertsteigerung für den Kunden geschaffen werden.

Die Kostenreduzierung erfolgt am Wertschöpfungsprozess. Durch kontinuierliche Verbesserung der Prozesse im Unternehmen soll eine Reduzierung der Kosten erfolgen. Es wird davon ausgegangen, dass Rentabilitätsverbesserungen durch sinnvolle Kombinationen der Einzelmaßnahmen entstehen.

Beim Ansatz des RoQ erfolgt keine mathematische Verknüpfung der Kennzahlen, verdeutlicht aber die Kosten- und Nutzeneinsparpotentiale.[2]

---

[1] vgl. Weber M. (2002), S. 45f
[2] Wolter O. (2002b), S.27ff

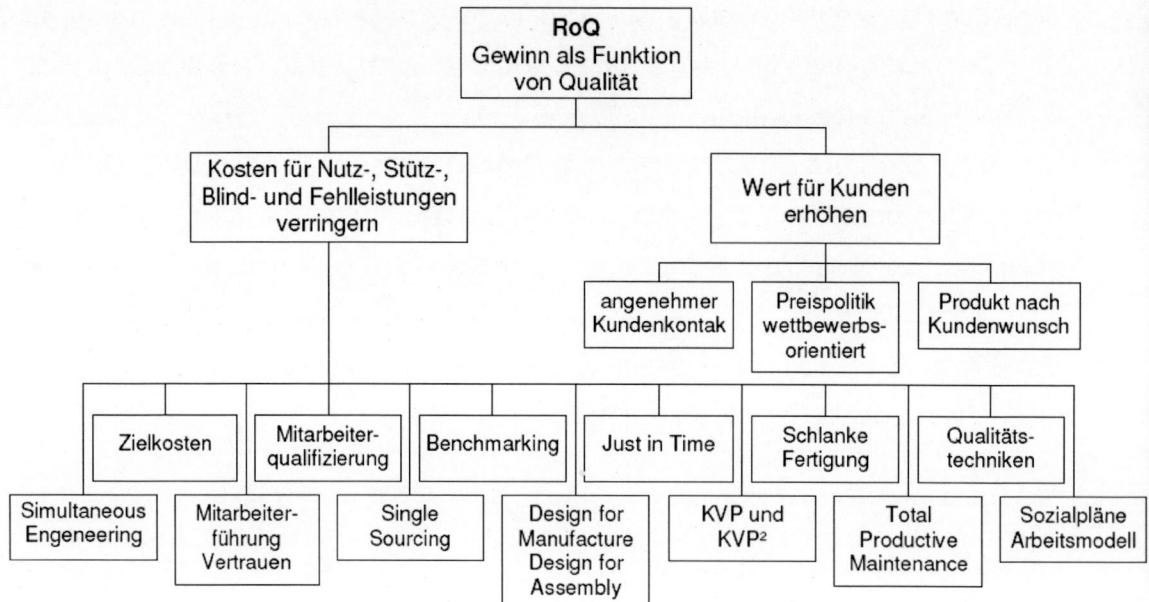

Abb. 23: Return on Quality [1]

---
[1] vgl. Wolter O. (2002b), S.28

5 Kennzahlen für das Messeprojekt-Controlling

5.1 Erfolgsfaktoren eines Messeprojekts

Wegen der meist längeren Vorlaufzeiten bei der Messeplanung zeigt sich die Problematik der schwächeren Konjunktur erst ein bis zwei Jahre später. Doch nun bekommt auch die Messewirtschaft den Konjunkturcrash zu spüren. Bereits im Jahr 2001 wurde die geringste Ausstellerzuwachsrate der letzten Jahre registriert.[1] Im ersten Halbjahr 2002 sind die Standflächen, Aussteller- und Besucherzahlen bereits rückläufig.[2]

In dem nun enger werdenden Markt ist die Sicherung einer guten Wettbewerbsposition eine zentrale Bedingung, um weiter bestehen und Gewinne einfahren zu können.

5.1.1 Entscheidende Faktoren eines Messeprojektes

Messegesellschaften bieten unterschiedlichen Kundengruppen eine komplexe Dienstleistung. Sie erstreckt sich von der Konzeptionierung über Zielgruppenansprache/-gewinnung, Kundenpflege bis hin zur Serviceerbringung.

Für die Kunden dient eine Messe als Kommunikations- und Marketingplattform.

In Zeiten, in denen die Unternehmen Budgetkürzungen vornehmen, um die Phase der schwächelnden Wirtschaft zu überbrücken, stellt sich für sie die Frage, welchen Vorteil die Teilnahme an einer Messe gegenüber anderen kommunikationspolitischen Instrumenten bringt. Betrachtet man die rein finanzielle Seite, lässt sich feststellen, dass die Messeveranstaltung anderen kommunikationspolitischen Instrumenten unterliegt.[3] Daher ist es wichtig für Messegesellschaften/-veranstalter die Besonderheiten der Messeveranstaltung, deren Nutzen und die Qualitäten gegenüber dem Kunden zu vermitteln.

Messen bieten[4]:

- Einen persönlichen Kontakt zwischen Anbieter und Nachfrager
- Die Möglichkeit der Objektbesichtigung

---

[1] AUMA, Information zu Kennzahlen 2001
[2] Giesching F. (2002), S. 115
[3] vgl. K. Backhaus (1992), S. 91
[4] vgl. K. Backhaus (1992), S. 91-93

- Ereignischarakter
- In kurzer Zeit umfassenden Konkurrenzvergleich

Des Weiteren müssen die entscheidenden Wettbewerbsfaktoren ausgebaut und kommuniziert werden.

Erfolgsbestimmende Faktoren für eine Messegesellschaft/-veranstalter sind[1]:

- Eine überzeugende und ausgereifte Konzeption der Fachmesse
- Ein effizientes und qualitativ gutes Dienstleistungssystem
- Internationalität der Aussteller und Besucher
- Flexibilität der Messegesellschaft auf Kundenbedürfnisse und Marktveränderungen einzugehen
- Verkehrsgünstige Lage des Messestandorts
- Gutes Image der Messestadt und deren Bevölkerung

Von den genannten Faktoren können die ersten vier Faktoren durch das Team der einzelnen Messeprojekte beeinflusst werden. Daher ist besonders hier ein professionelles Management gefordert.

Um diese erfolgsbestimmenden Faktoren ausbauen zu können, muss klar sein, dass es sich bei einer Messegesellschaft bzw. Messeveranstalter um einen Dienstleister handelt und damit die Kundenzufriedenheit ausschlaggebend für den Erfolg ist.

5.1.2 Kundentypologie

Bei der Untersuchung und Definition der Kundentypologie geht es hauptsächlich darum, im Sinne des Kunden möglichst effizient handeln zu können, um dadurch eine hohe Kundenzufriedenheit zu erzielen.

Zu den Kunden einer Messegesellschaft/-veranstalter gehören die Aussteller und die Messebesucher; die Messebesucher lassen sich weiter in Fach- und Privatbesucher unterteilen.

Für die Aussteller sind die thematische Ausrichtung, das Image einer Messe, die Terminierung und vor allem die zu erwartende Besucherstruktur ausschlaggebend, ob eine Messebeteiligung für sie interessant ist.

---

[1] vgl. R. Ziegler (1992), S. 120f

56

Die Interessen des Besuchers sind, durch die Aufsplitterung in Fach- und Privatbesucher, vielschichtiger.

Der Besuch der Messeveranstaltung erfolgt für Fachbesucher aus beruflichen Gründen. Die Messe dient dem Fachbesucher zur Information und zum Vergleich bestimmter Produkte im Hinblick auf zukünftige Investitionen und/oder zur beruflichen Weiterbildung. Für den Privatbesucher sind es meist individuelle Gründe, mit dem Interesse am Fortschritt und neuen Gütern.[1]

Dass Kundentypologien wichtige Instrumente zur Erzielung einer hohen Kundenzufriedenheit und -bindung sind, haben Marketingstrategen anderer Branchen, wie zum Beispiel der Automobilindustrie schon lange erkannt. Auch in anderen Dienstleistungsunternehmen werden nun auf der Basis von Marktforschungsstudien Kundentypologien erstellt.

Im September 2001 erstellte die NFO, ein Marktforschungsunternehmen in München eine Kundentypologie der Messestädte in Deutschland nach Besuchergruppen unterteilt.

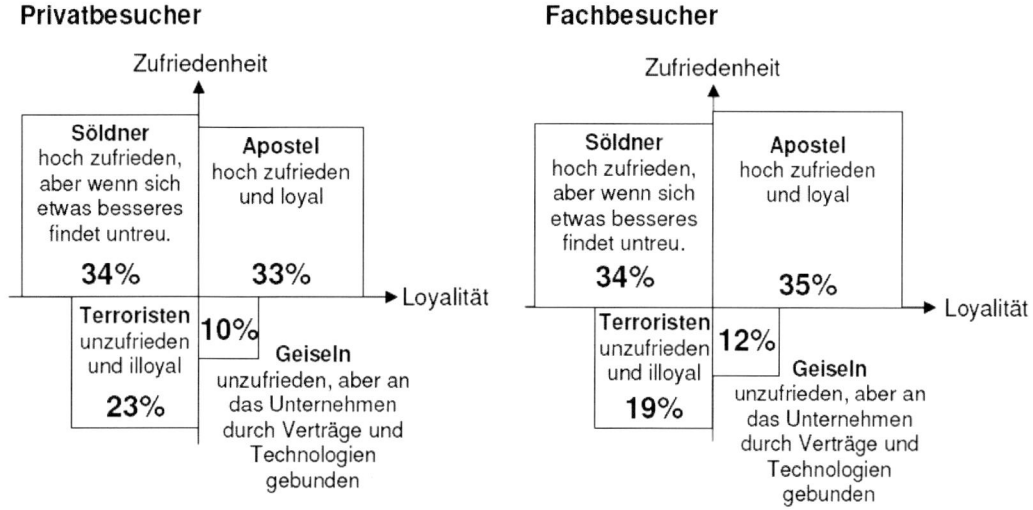

Abb. 24: Kunden-Typologie der Besuchergruppen der Messestädte in Deutschland [2]

Hierbei ist festzustellen, dass ein großer Teil der Besucher zwar zufrieden sind, aber jeder Zeit abwandern würden, wenn sich etwas Besseres bietet. Auch ist der Teil der unzufriedenen Kunden mit insgesamt ca. 30 % sehr hoch. Die Messegesellschaften/-

---

[1] Helmich H. (1998), S.65-67
[2] vgl. NFO, Untersuchung durch NFO Infratest IPS, September 2001

veranstalter sind hier gefordert mehr für die Kundenzufriedenheit und die Kundenbindung zu tun.

5.1.3 Kundenzufriedenheit und Kundenbindung

Eine Messe kann nur erfolgreich sein, wenn die Aussteller und Besucher rundum
zufrieden sind. Die Kunden sind zufrieden, wenn das Unternehmen und das Produkt
„Messe" einen guten Eindruck macht. Dies bedeutet, es muss dem Messeveranstalter gelingen, die Wünsche und Bedürfnisse des Kunden zu befriedigen. Hierzu sind
Kenntnisse der Kundenerwartungen hinsichtlich des Produkts „Messeveranstaltung",
des Unternehmens und des Projektteams nötig. Der Unternehmer Henry Ford erklär-
te bereits "Ein Geheimnis des Erfolges ist es, den Standpunkt des Anderen zu verstehen".

Das wichtigste Ziel beim Managen eines Messeprojekts, muss damit die Orientierung
des Veranstaltungskonzepts an den sich verändernden Ansprüchen und Bedürfnissen der Kunden sowie an den veränderten Markt sein, um so eine Kundenbindung
und Kundengewinnung zu erreichen. Ein hoher Deckungsbeitrag des Projekts ergibt
sich dann von selbst.

Dies erfordert aber ein Umdenken des Projektmanagements, mehr Qualität statt
Quantität. Der Kunde ist der Mittelpunkt des Projekts „Messe"!

Kurt Troll ist Professor an der Hochschule Leipzig und lehrt dort Marketing und Mes-
sewesen. Er fordert für die Messewirtschaft: „Weniger reine Produktpräsentationen,
mehr langfristige Einzelkundenbindung und Neukundenbindung. ‚Und dazu', folgert
Troll, ‚muss sich das Unternehmen mit seinen Servicequalitäten präsentieren.' Dem
Kunden müsse klar werden, wie gut die Firma ihn betreuen kann. Dann wandelt sich
der Marktplatz Messe laut Troll ‚von der Glasvitrine zum Kommunikations-Event'."[1]
„Doch auch die Neukundengewinnung ist von der Zufriedenheit der gegenwärtigen
Kunden mit bestimmt. Marktpsychologen haben festgestellt, dass ein zufriedener
Kunde seine positiven Eindrücke wenigstens einer weiteren Person vermittelt, ein

---

[1] Giesching F. (2002), S. 115

unzufriedener Kunde jedoch in der Regel bis zu zehn anderen (potentiellen Kunden) sein Leid klagt."[1]

Einen Kunden zufrieden zu stellen bewirkt also Wachstum des Kundenstammes, durch die Mundpropaganda des Kunden während ein unzufriedener Kunde zu einem Schrumpfen des Kundenstamms beiträgt.

Dem Kunden muss also der Wert und die Qualität der Dienstleistung näher gebracht werden, damit eine emotionale Kundenbindung an das Produkt Messe erreicht wird.

Den Zusammenhang zwischen Kundenbindung und Kundenzufriedenheit macht nachfolgende Abbildung deutlich.

Kundenbindung

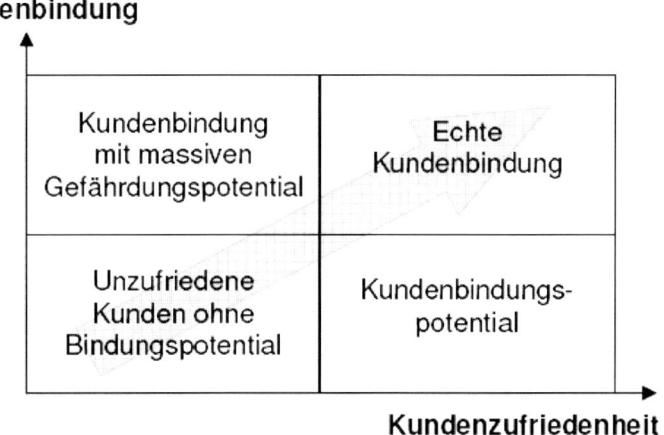

Abb. 25: Zusammenhang zwischen Kundenbindung und Zufriedenheit[2]

Zusammenfassend lässt sich also sagen, dass eine starke und gute Kundenbindung durch die Kundenzufriedenheit erreicht wird. Die Kunden sind zufrieden, wenn sie das Gefühl haben, dass auf ihre Wünsche und Bedürfnisse vom Messeveranstalter eingegangen wird, wenn sie verstanden werden und wenn sie eine qualitativ hochwertige Dienstleistung erhalten. Ziel muss daher sein, eine hohe Qualität der Dienstleistung und die Optimierung des Kundennutzens zu erreichen. Dies schafft nicht allein einen Mehrwert für den Kunden, sondern dies führt auch zu einem Mehrwert für die Messegesellschaft, an Umsatz und an Image.

---

[1] Infas (Mai 2003), website
[2] vgl. Maderl P. (o.J.), S. 19

5.1.4 Qualitätssicherung und Qualitätssteigerung

Durch eine Qualitätssteigerung kann ein Konkurrenzvorsprung erlangt und die Wettbewerbsposition des Unternehmens verbessert werden.

Um dem Kunden eine gute Dienstleistungsqualität zu bieten, müssen die Qualitätskriterien analysiert, festgelegt, implementiert und auch kontrolliert werden.

Es gibt vier generelle Qualifikationen, die einen guten Dienstleister ausmachen:[1]

- Serviceorientierung, die Hingabe an die Aufgabe und die Motivation die Bedürfnisse des Kunden zu erfüllen.

- Fachkompetenz, beherrschen der Tools und die Fähigkeit zum Einsatz des Fachwissens.

- Sozialkompetenz, die Fähigkeit, den Kunden und seine Gefühle zu verstehen.

- Emotionalkompetenz, die Fähigkeit, die Wirkung der eigenen Gefühle auf den Kunden zu verstehen und plötzliche emotionale Gefühlsregungen zu beherrschen.

Dies bedeutet, dass die teaminterne Leistungsqualität in erheblichem Mass die externe Qualität gegenüber dem Kunden beeinflusst. Es spielt zur Qualitätssteigerung bei Messegesellschaften, wie in allen anderen Dienstleistungsunternehmen auch, besonders der menschliche Faktor eine Rolle. Daher ist es notwendig, bei den Teammitarbeitern das Verständnis für die Qualitätskriterien zu wecken und die Motivation der Mitarbeiter zu steigern. Um zu einem serviceorientierten Mitarbeiterverhalten zu kommen, ist es wichtig eine Akzeptanz in Bezug auf Qualitäts- und Kundenorientierung bei den Mitarbeitern zu schaffen.

Daher ist es notwendig, dass bei Messegesellschaften regelmäßig bei den Mitarbeitern interne Qualitätsmessungen, z. B. mittels Befragungen, durchgeführt werden. Im Rahmen dieser Mitarbeiterbefragungen soll die Zufriedenheit der Mitarbeiter mit den Arbeitsbedingungen und die Zufriedenheit mit den Vorleistungen von anderen Teammitarbeitern, Linienmitarbeitern und Abteilungen erfasst werden.

Dies trägt dazu bei, dass die einzelnen Teammitarbeiter für Qualitätsfragen sensibilisiert werden und ihnen die Bedeutung der Dienstleistungsqualität und die der internen Prozesse bewusst wird. Speziell bei Messeprojekten spielt die Prozessqualität

---

[1] Stauss B. (2001), S.16-22

eine große Rolle, da die Erbringung der Dienstleistung und der Konsum gleichzeitig erfolgt. Es ist nicht möglich, das „Produkt" nach der Herstellung zu lagern und die fehlerhaften Erzeugnisse auszusortieren. Die Dienstleistung Messe ist also darauf angewiesen bei der „Herstellung" so wenig Fehler als möglich zu machen.

Hier spielt die Zufriedenheit der Mitarbeiter eine große Rolle, denn der Erfolg hängt letzt endlich von der Bereitschaft der Mitarbeiter zu permanenten Qualitätsverbesserungen ab.

Abbildung 26 verdeutlicht den Zusammenhang zwischen der Mitarbeiterzufriedenheit und der Gewinnsteigerung.

Mitarbeiterqualifikation und das Qualitätsverständnis der Mitarbeiter beeinflussen die Mitarbeiterzufriedenheit, diese hat wiederum Einfluss auf die Kundenzufriedenheit und das wirkt sich auf den Gewinn aus.

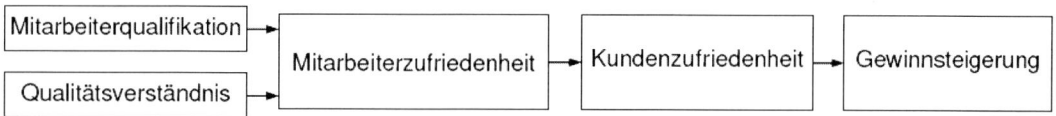

Abb. 26: Zusammenhang zwischen Mitarbeiterzufriedenheit und Gewinnsteigerung

Betrachten wir nun, welche Kriterien bei einem Messeprojekt wichtig und beeinflussbar sind. Bedeutende Kriterien für ein Messeprodukt sind zum einen die Servicequalität wie z.B. ein angenehmer Kontakt und die Flexibilität des Messeprojektteams auf Kundenwünsche zu reagieren. Weitere Kriterien sind die Qualität des besuchenden Publikums bzw. die Ausstellerqualität, ein hohes Angebotsniveau und ein stimmiges Preis-Leistungsverhältnis.

Voraussetzung für eine Qualitätserhaltung und -steigerung von Messeprojekten und dem Messeprojektmanagement, ist eine möglichst exakte Messung dieser Qualität. Dazu benötigt das Projektmanagement Kennzahlen.

5.2 Kennzahlen für ein Messeprojekt

Kennzahlen sollten nicht um ihrer selbst willen gemessen und gesammelt werden, sondern um Projektabläufe und -ziele zu definieren und zu steuern.

61

Klassische betriebswirtschaftliche Kennzahlen lassen sich jedoch nicht einfach auf ein Messeprojekt übertragen und anwenden. Hierfür gibt es verschiedene Gründe, zum einen die unterschiedlichen Bedürfnisse und Wünsche von Ausstellern und Besuchern, zum andern die Einmaligkeit jeder Messeveranstaltung. Das Projektmanagement eines Messeprojekts ist durch eine deutlich höhere Komplexität gekennzeichnet. Die Situation im Projektverlauf verändert sich immer wieder und ist nur bedingt vorhersehbar und planbar. Dies bedeutet jedoch nicht, dass auf eine Planung verzichtet werden kann. Nur wenn etwas geplant wurde, kann es auch geprüft werden und nur so können unvorhersehbare Situationen besser bewältigt werden. Messegesellschaften und Messeprojektmanager sind somit gefordert, für das Projekt „Messe" spezielle Kennzahlen zu entwickeln und zu definieren, um das Messeprojekt messbar zu machen, denn auch Peter Drucker sagt: "Was man nicht messen kann, kann man nicht managen!".

Die Kennzahlen ermöglichen dem Messeprojektmanager und seinem Team zu erkennen, ob sich das Projekt noch auf dem richtigen Kurs befindet, wie effizient die Prozesse, wie zufrieden die Kunden mit der Qualität der Messe und dem Messeteam und wie motiviert die Mitarbeiter sind. Auftretende Abweichungen vom Soll-Wert können leichter erfasst werden und geben dann dem Projektmanagement frühzeitig Hinweise zur Korrektur.

5.2.1 Mitarbeiterorientierte Kennzahlen

Welchen Einfluss die Mitarbeiterzufriedenheit auf den Erfolg des Messeprojekts hat, wurde in den letzten Kapiteln bereits dargestellt. Da also die Mitarbeiter das ausschlaggebende Potenzial für ein erfolgreiches Projekt sind, sollte es für das Projektmanagement eine der wichtigsten Aufgaben sein, die Stärken der Mitarbeiter zu erkennen und zu fördern.

Leider werden mitarbeiterorientierte Kennzahlen von beiden Seiten, der Managerseite als auch von der Mitarbeiterseite, meist als Überwachungsinstrument a la „Big Brother" empfunden und nicht als Chance, die Qualitäten für alle Beteiligten zu verbessern.

Die richtigen Kennzahlen richtig angewandt dienen dem Mitarbeiter, dem Management und dem Projekt.

Die wichtigste mitarbeiterbezogene Kennzahl für ein Messeprojekt ist die Mitarbeiter-zufriedenheit, sie beeinflusst entscheidend die Kundenzufriedenheit.

Die Mitarbeiterzufriedenheit beinhaltet verschiedene Faktoren und wird aus ver-schiedenen Kennzahlen zu einem Index zusammengefasst.

Zunächst sollte die Qualifikation und Kompetenz der Mitarbeiter betrachtet werden. Sie ermöglicht dem Projektmanager die Potenziale der Mitarbeiter besser zu erken-nen, was zu einem talentorientierten Einsatz des Mitarbeiters führen sollte. Diese Kennzahl gewinnt man durch eine Leistungsbeurteilung der Mitarbeiter durch den Projektmanager oder des Linienvorgesetzten.

Die Kennzahl der Kompetenz ist aus mehreren Faktoren zusammengesetzt, diese können z.B. Fachwissen, Erfahrung, Engagement, Weiterbildung und soziale Kom-petenz sein. Die Gewichtung der einzelnen Faktoren erfolgt nach Wichtigkeit. Zum Beispiel ist die soziale Kompetenz der Mitarbeiter für einen Dienstleistungsbetrieb von großer Bedeutung, denn Servicequalität wird geprägt von Zuverlässigkeit, An-sprechbarkeit und Freundlichkeit.

Unter den Punkt Weiterbildung sind die Teilnahme an Schulungen oder Besuch wich-tiger Konkurrenzmessen einzuordnen.

Eine Leistungsmessung könnte beispielsweise wie folgt aussehen:

Kompetenzfaktoren	Gewichtung	Noten von 1- 6	Gewichtete Note
Fachwissen	20	2	0,4
Erfahrung	20	2,5	0,5
Engagement	20	1	0,2
Weiterbildung	15	3	0,45
Soziale Kompetenz	25	2	0,5
Gesamt	100	Ø 2,1	2,05

Tab. 2: Beispiel einer Mitarbeiterkompetenzbewertung

Die Faktoren Motivation, Kompetenz der Führungsperson und Angaben über die in-terne Kommunikationsqualität sind für die Mitarbeiterzufriedenheit weitere aus-schlaggebende Faktoren. Speziell die Kommunikation zwischen Projektteammitarbei-tern und Linienmitarbeitern sind für die Prozessqualität wichtig.

Diese weichen Faktoren können nur durch regelmäßige Mitarbeiterbefragungen ge-wonnen werden. Mit einem Fragebogen können alle drei Faktoren abgefragt und bewertet werden. Durch die Fragen über z.B. Leistungsanerkennung, Arbeitsbelastung und Aufgabenfeld erhält der Projektmanager Angaben wie motiviert die Teammitarbeiter sind. Nur motivierte Mitarbeiter haben Spaß an ihren Aufgaben und erfüllen diese zu vollster Zufriedenheit.

Die Zufriedenheit hängt aber auch von der Qualität der Personalführung ab. Wichtig ist wie der Umgang mit dem Projektleiter empfunden wird, ob dieser neben den fachlichen Qualitäten auch soziale Fähigkeiten hat. Das Arbeitsklima und die interne Kommunikation beeinflussen die Zufriedenheit in dem Maße, dass alle Energie der Mitarbeiter für die Erfüllung der Aufgabe aufgewendet werden kann und nicht für das „gegen Wände laufen" im eigenen Unternehmen oder gar im eigenen Team. Nur wenn alle in die gleiche Richtung laufen kann das Ziel schneller erreicht werden.

Die Beurteilung der einzelnen Faktoren kann z. B durch eine Benotung von eins, sehr gut, bis sechs, sehr schlecht, erfolgen. Daraus lässt sich dann für jeden Faktor die Durchschnittsnote bilden. So erhält der Projektmanager einen guten Überblick, in welchem Bereich oder in welchem Projekt, die Zufriedenheit sehr hoch ist oder es Probleme gibt. Um aber auch Ursachen für eventuelle Probleme zu erfahren, sollten ebenso offene Fragen und ein Feld für die Begründung der Benotung, mit in den Fragebogen aufgenommen werden. Die Befragungen sollten einmal pro Projekt durchgeführt werden. Dies garantiert aber noch nicht, dass die Fragen über die Ursachen von Problemen auch beantwortet werden. Deshalb sollte es im Projektteam zur Selbstverständlichkeit werden, dass regelmäßig und offen über die Arbeit, Probleme aber auch Erfolge gesprochen wird.

Fragebogen Mitarbeiterzufriedenheit							
	Beurteilung						
Wie zufrieden sind Sie mit ...? Wie schätzen Sie Ihre ... ein?	1 sehr gut	2 gut	3 mittel	4 aus- reichend	5 schlecht	6 sehr schlecht	kurze Begründung
Motivation							
Weiterbildungs- möglichkeiten im Team (z.B. Lernen von Kollegen)							
Eigenständiges Arbeiten und Verantwortungsbereich							
Leistungsanerkennung durch Kollegen und Projektleitung							
Arbeitsbelastung							
Arbeitsklima im Projektteam							
Aufgabenfeld im Projekt							
Welche Aufgaben würden Sie gerne abgeben?							
Welche Aufgaben würden Sie lieber übernehmen?							
Durchschnittliche Bewertung							
Kompetenz des Projektmanagers/-leiters							
Fachliche Kompetenz							
Soziale Kompetenz							
Führungsstil							
Durchschnittliche Bewertung							
Interne Kommunikation							
Erreichbarkeit der Kollegen anderer Abteilungen, die mit Projektaufgaben beauftragt sind.							
Hilfsbereitschaft der Projektteamkollegen bei Problemen							
Freundlichkeit und Höflichkeit der Projektteamkollegen							
Offenheit der Kommunikation							
Durchschnittliche Bewertung							
Was sollte Ihrer Meinung im Projekt als erstes verbessert werden? Wo liegen möglicherweise die Ursachen für die schlechte Situation?							

Abb. 27: Beispiel eines Mitarbeiterzufriedenheits-Fragebogen[1]

---

[1] vgl. Weber M. (2002), S. 142

5.2.2 Prozessorientierte Kennzahlen

Die Effektivität und die Qualität der Prozesse sowie die Produktivität der Mitarbeiter haben ebenfalls großen Einfluss auf die Zufriedenheit der Kunden mit der Dienstleistung. Darum sollten auch einige prozessorientierten Kennzahlen ermittelt werden. Diese Kennzahlen sollen es dem Projektmanager ermöglichen, zu erkennen, welche Prozesse einen wesentlichen Einfluss auf den Erfolg und die Qualität des Projekts haben und welche effizienter gestaltet werden können.

Eine einfache Kennzahl um die Produktivität[1] des Projektteams zu ermitteln wäre:

$$\text{Erzielter Deckungsbeitrag pro Teammitarbeiter} = \frac{\text{Deckungsbeitrag Projekt}}{\text{Anzahl Teammitarbeiter}}$$

Mit Hilfe dieser Kennzahl kann ein Vergleich der Produktivität der Mitarbeiter von Projekten wiederkehrender Messeveranstaltungen durchgeführt werden.
Wurde zum Beispiel bei Messe „X" 2001 ein DB von € 980.200,00 mit einem Projektteam bestehend aus acht Personen erreicht und 2002 konnte ein DB von €1.055.450,00 mit einem Team bestehend aus neun Personen erwirtschaftet werden, sieht das Ergebnis 2002 auf den ersten Blick besser aus, doch pro eingesetzte Person konnte 2001 ein besserer DB erreicht werden. Der erzielte DB pro Teammitarbeiter betrug 2001 € 122.525,- und 2002 € 117.272,22.

Durch eine Überprüfung der Durchlaufzeiten der Prozesse ist es möglich zu erkennen, wo diese eventuell effizienter gestaltet werden können. Beispielsweise führt eine Verkürzung der Bearbeitungszeit von Beschwerden, Anregungen und Anmeldungen zu einer Erhöhung der Kundenzufriedenheit und damit zu mehr Gewinn.
Die Durchlaufzeiten sind aber nur mit erheblichem Aufwand zu ermitteln und stehen meist in keinem vernünftigen Verhältnis zum Erfolg.
Da die Durchlaufzeiten aber eng mit der Kundenzufriedenheit verbunden sind, werden Zielvorgaben für die Durchlaufzeiten festgesetzt, d.h. dass in einem bestimmten Zeitraum die Beschwerde oder Anmeldung bearbeitet und beantwortet sein muss. Diese Zielvorgabe, welchen Zeitraum der Kunde akzeptiert und erwartet, lässt sich durch Kundenbefragungen ermitteln.

---

[1] vgl. Weber M. (2002), S. 135

Für den Projektmanager ist hier die Erfüllungsquote von Interesse, wie viel Prozent der bearbeiteten Beschwerden und Anmeldungen innerhalb der Zielvorgabe lagen.

$$\text{Erfüllungsquote der Beschwerdebearbeitung} = \frac{\text{Anzahl der Beschwerden in Sollzeit erfüllt x 100}}{\text{Anzahl bearbeiteter Beschwerden}}$$

Die Berechnung der Erfüllungsquote der Anmeldebearbeitung erfolgt analog hierzu.

Wird die Erfüllungsquote mit denen der Vorveranstaltung oder einer Referenzveranstaltung verglichen, erhält man eine Aussage über die Verbesserung oder Verschlechterung dieses Prozesses.

Zu den Haupttätigkeiten in einem Messeprojekt zählt die Akquisition, das Gewinnen von Aussteller und Besucher für die Messeveranstaltung. Daher ist die Effizientüberprüfung der Akquisitionstätigkeit nicht zu vernachlässigen.
Eine Kennziffer für einen Akquisitionserfolg könnte darüber Auskunft geben. Diese gibt den Anteil der gewonnenen Aussteller in Prozent der insgesamt angesprochenen Aussteller wieder.

$$\text{Akquisitionserfolg} = \frac{\text{Anzahl der gewonnenen Aussteller x 100}}{\text{Anzahl der Akquisitionstätigkeiten}}$$

Die Anzahl der Akquisitionstätigkeiten beinhaltet die Anzahl der Aussteller, die durch Telefonate, Briefe oder Faxe angesprochen wurden. Bildet man aus dem gewonnenen Ergebnis die Differenz zu 100, ergibt dies den Anteil der nicht gewonnenen Aussteller.

5.2.2.1 Möglichkeiten der Werbeerfolgskontrolle

Der größte Kostenfaktor eines Messeprojekts ist die Werbung der Aussteller und Besucher. Daher sollten, wenn bestimmte Werbemaßnahmen eingesetzt werden, deren Effektivität überprüft werden.

Eine Möglichkeit den Werbeerfolg zu ermitteln ist, die durch die Werbemaßnahme erfolgten Mehreinnahmen, durch die verursachten Kosten der Maßnahme zu dividieren.

$$\text{Werbeerfolg}^1 = \frac{\text{Mehreinnahmen x 100}}{\text{Aufwendungen der Werbeaktion}}$$

Da aber meist verschiedene Werbemaßnahmen zur gleichen Zeit durchgeführt werden, ist die Abgrenzung der einzelnen Maßnahmen schwierig und meist nicht durchzuführen.

Diese Kennzahl kann somit nur bei abgrenzbaren Werbeaktionen angewandt werden. Ein Beispiel hierfür wäre: In Zeitungen werden Gutscheine, die dem Besucher einen verbilligten Eintritt ermöglicht, von der Messegesellschaft verteilt. Durch die Anzahl der zurückgekommenen Gutscheine, lassen sich die Einnahmen durch die Eintrittskarten ermitteln und durch die Kosten der Werbeaktion teilen. Allerdings sagt diese Zahl nur etwas über den direkten finanziellen Erfolg aus, aber nichts über den eventuell erreichten Nebeneffekt. Diese Kennzahl muss kritisch betrachtet werden, es ist fraglich, ob Nutzen und Aufwand hier in einem sinnvollen Verhältnis stehen. Eine andere Kennziffer, die für so eine Aktion aufgestellt werden kann und über den Erfolg der Aktion Auskunft gibt, ist die Rücklaufquote der „Gutscheinaktion".

$$\text{Rücklaufquote} = \frac{\text{Anzahl der zurückerhaltenen Gutscheine x 100}}{\text{Anzahl der verteilten Gutscheine}}$$

Von großem Interesse für das Projektteam ist zu erfahren, aufgrund welcher Information die Besucher an der Messeveranstaltung teilnehmen. Ob durch Werbe- und Informationsmaßnahmen in der Fachpresse, Internet, Tageszeitungen, Rundfunk und Fernsehen oder durch die Homepages, Informations- und Werbematerial der Aussteller und Informationen durch Berufsverbände. Diese Informationen kann man nur durch die Befragung der Besucher erhalten und bekommt so ein Bild davon, welche Werbemaßnahme für welche Besuchergruppe geeignet ist und ob die Kosten der Werbemaßnahme im Verhältnis zum Erfolg stimmig sind.

---

[1] vgl. Weber M. (2002), S. 179

Medienabgleich				
	Befragung 2003 in %	Werbekosten 2003 in %	Befragung 2002 in %	Werbekosten 2002 in %
Informationen der Aussteller	31%		29%	
Informationen der Messegesellschaft	5%	33%	6%	48%
Fach- und Tagespresse	28%	31%	43%	30%
Rundfunk	2%	16%	2%	6%
Fernsehen	3%		1%	
Internet	14%	5%	13%	6%
Plakat, Außenwerbung	11%	15%	9%	10%
Kollegen, Vorgesetzte	14%		12%	
Verbände	2%			
Allgemein bekannt			11%	
Sonstige	7%		2%	
Summe	**117%**	**100%**	**128%**	**100%**

Tab. 3: Vergleich Medienerfolg und prozentual angefallene Kosten[1]

5.2.3 Kundenorientierte Kennzahlen

Für Messegesellschaften ist die Servicequalität ein zentraler Faktor der Konkurrenzfähigkeit im Messegeschäft, daher sind hier Kennzahlen entscheidend und nötig, die etwas über die Servicequalität gegenüber den Kunden aussagen.[2]
Zur Messung dieser Servicequalität gibt es verschiedene Verfahren und Methoden. Die Messungen können zum Beispiel mit Hilfe der Qualitätstechniken durchgeführt werden.

Als kundenorientierte Kennzahl, die etwas über die Servicequalität aussagt, dient für ein Messeprojekt die der Kundenzufriedenheit. In diese Kennzahl sollten sowohl harte als auch weiche Faktoren einfließen. Die harten Messdaten geben Auskunft über die Vergangenheit, weisen auf schon vorhandene Probleme hin, während die weichen Daten auf mögliche Problembereiche in der Zukunft aufmerksam machen.

Zu den harten Kennzahlen, die etwas über die Kundenzufriedenheit aussagen, zählen die Kennzahlen zu den Reklamationen und/oder Beschwerden, die Wiederteilnahmerate der Aussteller und Abwanderungsrate von Ausstellern.

---

[1] vgl. Analyse von der Messe Stuttgart, siehe Anhang
[2] vgl. Vollmuth H. (2002), S. 19

Die Reklamationsrate gibt die Zahl der Reklamationen in Prozent zu der Gesamtaussteller bzw. Gesamtbesucherzahl, die an der Messeveranstaltung teilgenommen haben, an.[1]

$$\text{Reklamations-/Beschwerderate} = \frac{\text{Anzahl der Beschwerden von Besuchern x 100}}{\text{Anzahl der teilgenommenen Besucher}}$$

Dies gilt analog mit den Beschwerden der Aussteller.

$$\text{Reklamations-/Beschwerderate} = \frac{\text{Anzahl der Beschwerden von Aussteller x 100}}{\text{Anzahl der teilgenommenen Aussteller}}$$

Zu den Reklamationen zählen mündlich und schriftlich eingegangene, begründete Reklamationen, es kann nicht als Reklamation aufgefasst werden, wenn ein Kunde einen „schlechten Tag" hat und nur unkonstruktive Kritik anbringt.
Die Reklamationsrate der begründeten Reklamationen ist als Indikator für die Dienstleistungsqualität zu sehen. Ist die Reklamationsrate sehr hoch, schätzen die Kunden die Dienstleistungsqualität als nicht sehr gut ein. Bei einer hohen Reklamationsrate ist die Struktur der Reklamationen von Interesse. Denn in den, am häufigsten von diesen Beschwerden betroffen Bereichen oder Prozessen, besteht dringender Handlungsbedarf.

$$\text{Reklamations-/Beschwerdestruktur}^{2} = \frac{\text{Art/Bereich der Beschwerde x 100}}{\text{Anzahl der gesamten Beschwerden}}$$

Die Wiederteilnahme- und Abwanderungsrate[3] kann nur von der Kundengruppe der Aussteller erhoben werden, da von diesen die Daten einer Teilnahme an der Veranstaltung vorliegen. Von den Besuchern gibt es hierzu keine Daten, die für eine solche Berechnung benötigt werden.
Die Wiederteilnahmerate der Aussteller spiegelt die Kundentreue wieder.

$$\text{Wiederteilnehmerrate} = \frac{\text{Anzahl der wiederteilnehmenden Aussteller x 100}}{\text{Anzahl der teilgenommenen Aussteller der Vorveranstaltung}}$$

---

[1] vgl. Weber M. (2002), S. 187
[2] vgl. Weber M. (2002), S. 187
[3] vgl. Weber M. (2002), S. 186

Etwas schwieriger ist die Berechnung der Abwanderungsrate. Sie gibt den prozentualen Anteil der Aussteller wieder, die zu einer Konkurrenzveranstaltung abwandern. Das Problem hier ist herauszufinden, ob ein nicht mehr an der Veranstaltung teilnehmender Aussteller an einer Konkurrenzveranstaltung teilnimmt oder ob eine Nichtteilnahme an der Veranstaltung andere Gründe hat. Diese Daten kann man nur durch die Befragungen der Aussteller erhalten.

$$\text{Abwanderungsrate} = \frac{\text{Zahl der abwandernden Aussteller x 100}}{\text{Anzahl der teilgenommenen Aussteller der Vorveranstaltung}}$$

Durch die Befragungen der Kunden erhält man Angaben zu den erforderlichen weichen Faktoren. So erhält der Projektmanager die Informationen über die Qualität der Dienstleistung sowie die Kundenwünsche und die Bedürfnisse der Kunden. Während der Messeveranstaltung werden stichprobenweise Besucherbefragungen und nach Abschluss der Messeveranstaltungen werden Ausstellerbefragungen durchgeführt. Es sollte hierbei darauf geachtet werden, dass möglichst konkrete Messergebnisse daraus gewonnen werden können. Dies kann erreicht werden, in dem die Kunden eine Beurteilung nach einem Benotungs- oder Punktsystem vornehmen und nicht nur die Aussagen treffen „relativ gut" oder „relativ schlecht".[1] Ebenso sollte versucht werden die Gründe für gute und schlechte Benotung zu erfragen: warum und was genau wurde als gut oder schlecht empfunden?

Die Fragebögen für die Aussteller sollten auf folgende Faktoren eingehen:
- Erreichte Messeziele und Geschäftserfolge der Aussteller
- Besucherstruktur
- Presse und Werbearbeit des Messeveranstalters
- Qualität der Veranstaltung
- Servicequalitäten
- Betreuungsqualität
- Kundenwünsche

Die Faktoren, auf welche die Fragebögen für die Besucher eingehen sollten sind:
- Gründe für den Besuch der Veranstaltung

---

[1] vgl. Weber M. (2002), S. 187

- Unternehmen und berufliche Stellung
- Ausstellerstruktur
- Nutzungsangaben zu den verschiedenen Angeboten
- Werbearbeit und Informationsangebot des Messeveranstalters
- Qualität der Veranstaltung
- Servicequalitäten
- Kundenwünsche

Mit Hilfe dieser Fragebögen ist es möglich eine messbare Aussage der Kunden über die verschiedenen Bereiche zu erfahren, doch sagt dies nichts über den Erfüllungsgrad des erhaltenen Services aus. Um hierüber Angaben zu bekommen, kann die ServQual-Technik[1] eingesetzt werden, mit ihr erfolgt die Qualitätsbeurteilung durch die Diskrepanz zwischen der wahrgenommenen und der erwarteten Dienstleistungsqualität. Der Qualitätsansatz von ServQual lautet:

Dienstleistungsqualität = wahrgenommene Servicequalität – erwartete Servicequalität

Hierfür ist es nötig, neben der schon vorhandenen Benotungsskala im Fragebogen eine weitere Skala zu integrieren. Eine Skala in der der Kunde seine Erwartung gegenüber der Dienstleistungsqualität angibt und eine weitere, in der der Kunde die erhaltene Dienstleistungsqualität beurteilt. So ist es dem Team möglich, Unterschiede für den Kunden zwischen wichtigen und weniger wichtigen Aspekte der Dienstleistung zu erkennen. Es können die Faktoren erkannt werden, die zuerst bearbeitet werden müssen, nämlich die, wo die Lücke zwischen erhaltener und erwarteter Qualität besonders groß ist.

Der Fragebogen der ServQual-Technik ist in fünf Kategorien und 22 Punkte unterteilt und ist so gestaltet, dass er sich in allen Dienstleistungsbereichen anwenden lässt. Die Fragen können aber je nach Bedarf und Anwendung auch individuell erstellt werden. Als Beispiel wurden in Abbildung 28 zu jedem der fünf Kategorien der ServQual-Technik ein paar mögliche Fragen für eine Ausstellerbefragung formuliert, jedoch ist es nicht zwingend erforderlich, die Fragen in diese Kategorien einzuteilen.

---

[1] vgl. Hoeth/Schwarz (2002), S. 68-78

Servicequalitätsmessung												
Allgemein	Erwartungen an den Service					Messe X	Erfüllungsgrad, der erreicht wurde				
	5	4	3	2	1		5	4	3	2	1

Umfeld

Allgemein	Erwartungen an den Service					Messe X	Erfüllungsgrad, der erreicht wurde				
Wie wichtig ist für Sie die schnelle Erreichbarkeit des Messegeländes von der Autobahn?	☐	☐	☐	☐	☐	Das Messegelände ist schnell von der Autobahn zu erreichen.	☐	☐	☐	☐	☐
Wie wichtig ist für Sie die Nähe der Parkmöglichkeiten?	☐	☐	☐	☐	☐	Die Parkplätze sind nicht weit vom Messegelände entfernt und gut zu Fuß zu erreichen	☐	☐	☐	☐	☐
Wie bedeutend ist für Sie die gute Erreichbarkeit mit dem ÖPNV?	☐	☐	☐	☐	☐	Das Messegelände ist gut mit dem ÖPNV zu erreichen	☐	☐	☐	☐	☐
Wie wichtig ist Ihnen die neuste technische Ausstattungen der Hallen?	☐	☐	☐	☐	☐	Die Ausstattungen der Hallen sind auf dem neusten technischen Stand	☐	☐	☐	☐	☐

Zuverlässigkeit

Allgemein	Erwartungen an den Service					Messe X	Erfüllungsgrad, der erreicht wurde				
Wie wichtig ist Ihnen die Termineinhaltung bei der Standreinigung?	☐	☐	☐	☐	☐	Die Termine bei der Standreinigung wurde eingehalten	☐	☐	☐	☐	☐
Wie wichtig ist Ihnen die Qualität der Arbeit der Standreinigung?	☐	☐	☐	☐	☐	Die Qualität der Standreinigung ist gut und ohne Beanstandungen	☐	☐	☐	☐	☐
Als wie wichtig erachten Sie, dass das Projektteam bemüht ist die Probleme der Kunden schnell zu lösen?	☐	☐	☐	☐	☐	Es besteht großes Interesse des Projektteams die Probleme der Kunden schnell zu lösen	☐	☐	☐	☐	☐

Entgegenkommen

Allgemein	Erwartungen an den Service					Messe X	Erfüllungsgrad, der erreicht wurde				
Wie wichtig ist Ihnen die ständige Ansprechbarkeit der Mitarbeiter des Projektteams?	☐	☐	☐	☐	☐	Die Mitarbeiter des Projektteams sind stets für den Kunden ansprechbar	☐	☐	☐	☐	☐
Wie wichtig ist Ihnen die ständige Offenheit der Mitarbeiter des Projektteams für Kundenwünsche?	☐	☐	☐	☐	☐	Die Mitarbeiter des Projektteams sind immer für Kundenwünsche offen	☐	☐	☐	☐	☐

Souveränität

Allgemein	Erwartungen an den Service					Messe X	Erfüllungsgrad, der erreicht wurde				
Wie bedeutend ist für Sie die hohe fachliche Kompetenz der Mitarbeiter des Projektteams?	☐	☐	☐	☐	☐	Die fachliche Kompetenz der Mitarbeiter des Projektteams ist groß.	☐	☐	☐	☐	☐
Wie wichtig ist Ihnen die fachliche Qualität der Tapezierer-/Malerarbeiten?	☐	☐	☐	☐	☐	Die fachliche Qualität der Tapezierer-/Malerarbeiten ist hoch	☐	☐	☐	☐	☐

Einfühlungsvermögen

Allgemein	Erwartungen an den Service					Messe X	Erfüllungsgrad, der erreicht wurde				
Sollten die Kundeninteressen im Mittelpunkt für das Projektteam stehen?	☐	☐	☐	☐	☐	Die Kundeninteressen stehen im Mittelpunkt	☐	☐	☐	☐	☐
Wie bedeutend ist für Sie die höfliche und freundliche Betreuung durch die Mitarbeiter des Serviceteams?	☐	☐	☐	☐	☐	Die Mitarbeiter des Serviceteams betreuen die Kunden höflich und freundlich	☐	☐	☐	☐	☐

5 = völlig Zustimmung/ sehr wichtig   1 = gar keine Zustimmung/ unwichtig

Abb. 28: Beispielfragen mit dem ServQual-Verfahren[1]

---

[1] vgl. Hoeth/Schwarz (2002), S. 72-77

Zur Auswertung des Fragebogens wird die Differenz von der erfahrenen Dienstleistungsqualität und der erwarteten Dienstleistungsqualität gebildet (Erfahrung - Erwartung), je größer die Differenz ist, desto größer ist der Unterschied zwischen der erfahrenen und der erwarteten Dienstleistungsqualität.

Ähnlich ist auch der Penalty-Reward-Faktoren-Ansatz[1]. Hier wird davon ausgegangen, dass bei jeder Dienstleistung Qualitätsfaktoren existieren, deren Nichterfüllung eine Unzufriedenheit (Penalty) auslösen, während Ausnahmefaktoren bei Erfüllung eine spezielle Zufriedenheit (Reward) auslösen. Ziel ist es, durch Kundenbefragungen die „Penalty-Faktoren" zu identifizieren. Die Kunden beurteilen zum einen die Qualität der Dienstleistung auf einer Skala von „sehr zufrieden" bis „sehr unzufrieden" und zum andern wird durch eine zweite Skala noch bewertet, ob die Dienstleistung „viel schlechter als erwartet" oder „viel besser als erwartet" war.

Mit diesem Messansatz erhält man auch eine Aussage über die Diskrepanz zwischen der erfahrenen und erwarteten Dienstleistung.

Mit diesen Kennzahlen, gewonnen aus harten und weichen Faktoren, kann nun ein Kundenzufriedenheitsindex gebildet werden.

Denn Kundenzufriedenheit ist das Zusammenspiel zwischen den Erwartungen der Kunden und dem subjektiv realen Empfinden der Dienstleistung, die durch die Messegesellschaft erbracht wird.

5.2.4 Finanz- und wirtschaftlichorientierte Kennzahlen

Da es letzt endlich bei jedem Projekt auf die finanzielle Rentabilität ankommt, gibt es auch für Messeprojekte eine Reihe von Kennzahlen, die darüber Auskunft geben.

Man sollte aber nicht nur diese Kennzahlen im Auge behalten, denn sie sind meist nur das letzte Glied in der Kette, sie werden erheblich von den bisher beschriebenen Faktoren beeinflusst.

Die finanzorientierten Kennzahlen lassen sich weiter in kostenorientierte und erlösorientierte Kennzahlen unterteilen.

Zu den erlösorientierten Kennzahlen gehören die Kennzahlen, die Aussagen über die Aussteller- und Besucherquote und die vermietete Fläche treffen.

---

[1] Bruhn M. (2003), o.S.

Von Interesse ist die Zahl der Besucher, die auf die vermietete Fläche pro Tag kommen.

$$\text{Besucher pro m}^2 \text{ pro Tag} = \frac{\text{Gesamtzahl der Besucher am Tag X}}{\text{vermietete Quadratmeter der Veranstaltung}}$$

Sie kann aber erst nach oder während der Veranstaltung erhoben werden und mit der Besucherzahl der Vorveranstaltung oder der von Konkurrenzveranstaltung verglichen werden, so können für das nächste Projekt der Veranstaltung geeignete Maßnahmen ergriffen werden.

Anders verhält es sich mit den Kennzahlen „Aussteller pro m²" oder der vermieteten Flächenzahl, die auf einen Aussteller fällt.

$$\text{Aussteller pro m}^2 = \frac{\text{Gesamtzahl der Aussteller}}{\text{vermietete Quadratmeter der Veranstaltung}}$$

Sie können ab Beginn der Ausstellerakquisition über den gesamten Projektverlauf beobachtet werden.

Durch einen Vergleich über mehrere Veranstaltungen lässt sich mit der Kennzahl m² pro Aussteller ein Trend ermitteln, ob die Flächenzahl pro Aussteller steigend oder abnehmend ist.

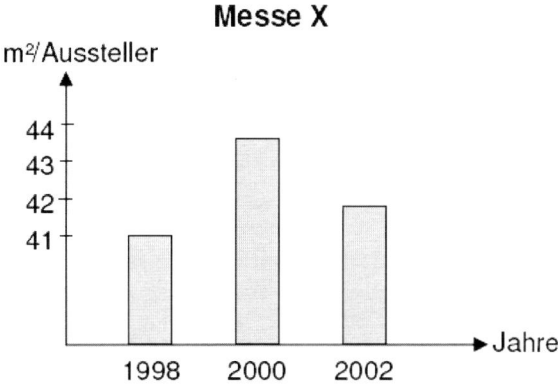

Abb. 29: Beispiel der m²/Ausstellerentwicklung einer Messe X

Zur Überprüfung des vorgegebenen Ziels der Ausstellerzahl wird während des Projektverlaufs die Zahl der bisher angemeldeten Aussteller mit der Soll-Ausstellerzahl verglichen. Siehe Abbildung 18, Anmeldestand der Aussteller.

erreichte Ausstellerzahlquote vom Soll = $\dfrac{\text{angemeldete Aussteller x 100}}{\text{Sollzahl der Aussteller}}$

So sind Abweichungen schneller erkennbar und es können sofort entsprechende Maßnahmen eingeleitet werden. Dies könnte eine Steigerung der Akquisition oder aber eine Zieländerung und damit beispielsweise verbunden, eine Reduktionen der geplanten Sonderveranstaltungen sein, um das Ziel des DB erreichen zu können.

Bei manchen Messeveranstaltungen ist das Erreichen einer bestimmten Erstausstellerquote von Bedeutung. Das heißt, es soll ein bestimmter prozentualer Anteil, von den Ausstellern, neu für die Messeveranstaltung gewonnen werden.

Erstausstellerquote = $\dfrac{\text{Erstaussteller x 100}}{\text{Zahl der gesamten Aussteller}}$

Eine entscheidende Zahl bei Messeprojekten ist die vermietete Fläche. Daher gilt es diese über den gesamten Projektverlauf im Auge zu behalten, genau wie die Ausstellerzahlen natürlich auch.

erreichte Flächenquote vom Soll = $\dfrac{\text{vermietete Fläche x 100}}{\text{Soll vermietete Fläche}}$

Mit dieser Kennzahl findet, wie mit der Ausstellerzahl, die Kontrolle und Steuerung im laufenden Projekt statt.

Für die Planung und Kontrolle der Kosten im Messeprojekt werden kostenorientierte Kennzahlen benötigt.
Die größte Steuermöglichkeit hat der Projektmanager bei den Werbekosten, daher ist eine Überwachung dieser besonders wichtig.
Die Werbekosten sind zu unterscheiden in Aussteller- und Besucherwerbekosten, die Überwachung dieser Kosten erfolgt sowohl bei den Ausstellern als auch bei den Besuchern durch den Vergleich zur vermieteten Fläche, da diese die Haupteinnahmequelle darstellt.

Werbekosten Aussteller bzw. Besucher pro m² = $\dfrac{\text{Werbekosten Aussteller bzw. Besucher}}{\text{vermietete Fläche}}$

Durch eine graphische Darstellung der Kostenentwicklung zur vermieteten Fläche über den Projektverlauf lässt sich schnell erkennen, ob die Werbekosten zu hoch werden.

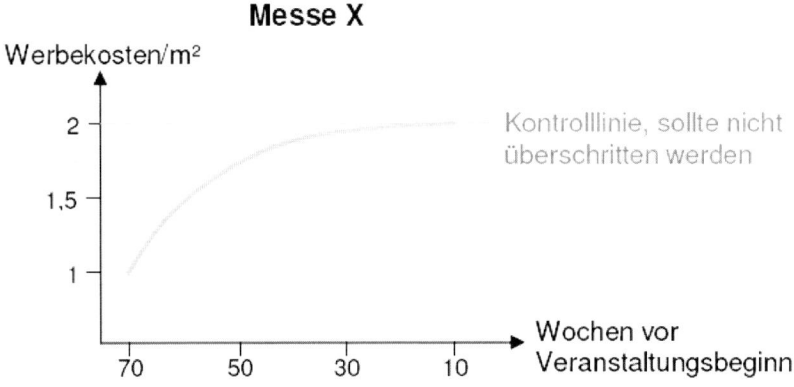

Abb. 30: Beispiel der Ausstellerwerbekosten/m² der Messe X

Am Ende der Messeveranstaltung kann die Kennzahl der Besucherwerbungskosten pro Besucher ermittelt werden, um einen Überblick der angefallenen Werbekosten pro Besucher zu erhalten und einen Vergleich mit den Vorjahresveranstaltungen durchzuführen.

$$\text{Besucherwerbungskosten pro Besucher} = \frac{\text{Werbekosten Besucher}}{\text{Anzahl Besucher}}$$

Die Kosten der Sonderschau sollte abhängig von der vermieteten Fläche (Haupteinnahmequelle) betrachtet werden. Konnte das ursprüngliche Ziel nicht erreicht werden und es gab eine Korrektur nach unten in der Flächenvermietung, sollte nach Möglichkeit eine Kostenkorrektur bezüglich der Sonderschau erfolgen.

$$\text{Sonderschaukosten pro m}^2 = \frac{\text{geplante Sonderschaukosten}}{\text{geplante vermietete Fläche}}$$

Bei den anfallenden Betriebskosten eines Messeprojekts gibt es kaum einen Spielraum, um die Kosten zu steuern. Die Betriebskosten bestehen hauptsächlich aus der Summe von Technik- und Organisationskosten. Um aber eine Aussage über die Höhe der Betriebskosten zu bekommen, sollten auch diese in Beziehung zum Erlös der Veranstaltung oder der vermieteten Fläche gesetzt werden, nur so ist ein Vergleich der Betriebskosten mit denen der Vorveranstaltungen möglich.

$$\text{Betriebskostenquote} = \frac{\text{Betriebskosten}}{\text{Erlös der Messeveranstaltung}}$$

$$\text{Betriebskosten pro m}^2 = \frac{\text{Betriebskosten}}{\text{vermietete Fläche}}$$

5.2.5 Betrachtung der Kennzahlen pro Messephase

Viele der Kennzahlen müssen nur einmal pro Projekt berechnet und analysiert werden, meist in der Nachbereitungsphase. Das sind zum einen die Gruppe der mitarbeiterorientierten Kennzahlen sowie die Produktivität der Teammitarbeiter, Akquisitions- und Werbeerfolgskennzahl von der Gruppe der prozessorientierten Kennzahlen, des weiteren die Abwanderungs- und Wiederteilnehmerrate der kundenbezogenen Kennzahlen und von den finanzorientierten Kennzahlen die Besucherzahlen, angefallene Werbekosten pro Besucher und die Betriebskostenquote.

Um die Kennzahl der Kundenzufriedenheit zu bekommen, werden Kundenbefragungen durchgeführt, dies findet meist in der Phase des Messeablaufs statt. Jedoch sollten kleinere Ausstellerbefragungen auch schon bei der Ausstellerakquisitionsphase durchgeführt werden, denn in diesen frühen Phasen können Kundenwünsche noch für das laufende Projekt berücksichtigt werden. Ebenfalls sollten die Gründe für eine Nichtteilnahme eines Ausstellers während der Akquisitionsphase erfragt werden.

In den Projektphasen „Ausstellerakquisition" bis hin zur Phase des „Messeablaufs" helfen dem Projektmanager zum Überwachen und Steuern des Projekts die meisten finanzorientierten Kennzahlen.

Da die Phasen eines Messeprojekts nicht klar abtrennbar sind und die einzelnen Phasen ineinander fließen, ist es dem Projektmanager nicht oder nur schwer möglich eine Zuordnung der Kennzahlen zu den Phasen vorzunehmen.

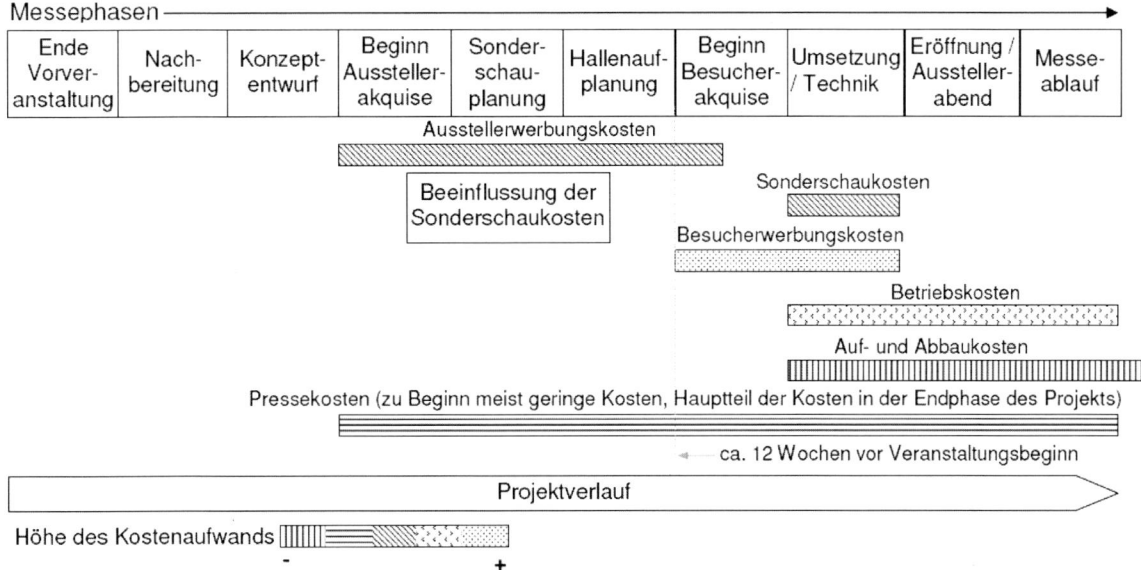

Abb. 31: Kostenaufwand in den einzelnen Projektphasen

Um aber zu einem Ansatz für eine Zuordnung zu kommen, sollten die anfallenden
Kosten pro Projektphase und die Höhe dieser Kosten betrachtet werden.
Abbildung 31 zeigt, in welchen Phasen des Projekts, welche Kosten anfallen. Die
Höhe der Kosten ist hier Farbig dargestellt. Die Farbe rot bedeutet sehr hohe Kosten
während niedrige Kosten blau dargestellt sind.

Ein beträchtlicher Kostenfaktor bei einem Messeprojekt ist die Besucherwerbung, sie
verursacht die größten Kosten. Daher ist eine laufende Überwachung dieser Kosten
ab der Phase „Besucherwerbung" erforderlich. Da die Haupteinnahmen durch die
vermietete Fläche erlangt werden, erfolgt die Kontrolle der Besucherwerbekosten im
Vergleich zur vermieteten Fläche, siehe Kennzahl „Werbekosten Besucher pro m²".

Ebenso sind die Betriebskosten bei einem Messeprojekt sehr hoch. Insbesondere
schlagen die Technikkosten, wie Energiekosten, Reinigung und Wachpersonal sowie
die Organisationskosten zu Buche. Die Steuermöglichkeiten sind hier gering. Siehe
hierzu die Kennzahl „Betriebskosten pro m²".

Als nächstes sind die Ausstellerwerbekosten und die Sonderschaukosten zu betrachten, eine Überwachung der Ausstellerkosten beginnt sehr früh im Projekt und zieht
sich bis kurz vor Veranstaltungsbeginn hin. Beide Kostenüberwachungen erfolgen in

Bezug auf die vermietete Fläche. Siehe Kennzahlen „Werbekosten Aussteller pro m²" und „Sonderschaukosten pro m²".

Die Pressekosten sind im Vergleich zu den Werbekosten relativ gering, jedoch ist der Pressearbeit in einem Messeprojekt große Bedeutung zuzumessen. Durch viele Presseartikel und Pressemitteilungen über die Veranstaltung, steigt der Bekanntheitsgrad der Messeveranstaltung, es ist damit eine zusätzliche Aussteller- und Besucherwerbung. Dies macht eine Überwachung der Pressearbeit eigentlich nötig, es ist aber sehr schwierig, diese Gesamtwirkung der Pressearbeit, zu kontrollieren.
Als ein quantitatives Kontrollinstrument dient das Sammeln von Presseartikeln und Zeitungsausschnitten, die sich mit der Veranstaltung befassen sowie die Erhebung von Sendungen und Sendeterminen im Hörfunk und Fernsehen.[1]

Zu den Kennzahlen mit denen über den gesamten Projektverlauf geprüft und gesteuert wird, zählen vor allem die „erreichte Ausstellerzahlquote vom Soll" und die „erreichte Flächenquote vom Soll", mit ihnen kann die Zielerreichung ständig überprüft und graphisch dargestellt werden.
Ein weiterer Punkt der für die Zielerreichung der Ausstellerquote von Bedeutung ist, ist nicht nur die reine Anzahl der Aussteller, sondern auch „wer" konnte schon als Aussteller gewonnen werden und „wer" wird noch benötigt. „Das Image der Aussteller steht vor deren Anzahl: Volle Messehallen ohne Marktführer werden von den Besuchern nicht angenommen:"[2]
Um dies zu ermitteln, können Gewichtungspunkte für die Aussteller vergeben werden.
Aussteller Kategorie A, sind Marktführer oder ein für die Messeveranstaltung wichtiger Aussteller, sie erhalten beispielsweise 3 Gewichtungspunkte (hoch) während ein für diese Messeveranstaltung weniger wichtiger Aussteller einen Gewichtungspunkt (nieder) bekommt und zur Kategorie C zählt.

---

[1] vgl. Roloff E. (1992), S. 215
[2] Müller-Rossow K. (1999), o.S.

Aussteller	Kategorie		
	C = 1	B = 2	A = 3
V	☒	☐	☐
W	☐	☐	☒
X	☐	☒	☐
Y	☐	☐	☒
Z	☐	☒	☐
Summe	1	2	2

Tab. 4: Beispiel einer Ausstellergewichtung

Wenn nun als Zielvorgabe eine bestimmte Rate an Ausstellern pro Quadratmeter vermietete Fläche vorgegeben ist, würde die Kontrolle, mit einer Gewichtung der Ausstellern, nach folgender Berechnung erfolgen:

$$\text{Sollausstellerzahl/m}^2 \leq \frac{\text{Aussteller A x 3 + Aussteller B x 2 + Aussteller C x 1}}{\text{vermietete Fläche}}$$

Die Anzahl der Aussteller in einer bestimmten Kategorie wird multipliziert mit den Gewichtungspunkten, dann werden die Ergebnisse aller Kategorien addiert und durch die vermietete Fläche dividiert und mit der Zielvorgabe verglichen. Generell sollte ein ausgewogenes Verhältnis an Ausstellern der verschiedenen Kategorien vertreten sein.

Bei einer Fachmesse ist auch der Ausstellergruppenanteil interessant. Die Messeveranstaltung sollte ein Spiegelbild des Marktes sein. Daher sollte ein dem Markt ähnliches Verhältnis von Ausstellern vertreten sein.

$$\text{Ausstellergruppenanteil in \%} = \frac{\text{gemietete Fläche der Ausstellergruppe „X" x 100}}{\text{gesamte vermietete Fläche}}$$

Weitere Kennzahlen, die während des gesamten Projektverlaufs erhoben und überprüft werden, sind die Durchlaufzeiten der Beschwerden und Anmeldungen und die Reklamationsrate der Kunden.

5.2.6 Anforderung an weitere Kennzahlen

Es wurden nun einige Kennzahlen aufgezeigt und zugeordnet. Sie sollen dem Projektmanager eines Messeprojekts als Steuerungsinstrument zur Effektivitäts-, Effizienz- und Qualitätsverbesserung dienen.

Dies sind aber nur Ansätze für mögliche Kennzahlen und Indikatoren, die es in der Praxis noch zu ergänzen gilt. Jedes Messeprojekt ist individuell und wird daher auch spezifische Kennzahl benötigen. Dabei sollten die Kennzahlen besonderen Anforderungen gerecht werden:

- Sie sollten zielbezogen sein (Steuerungsrelevanz)
- Sie müssen eindeutig, verständlich und glaubwürdig sein (Empfängerorientierung)
- Bei der Erhebung sollten Unregelmäßigkeiten ausgeschlossen sein (Objektivität)
- Eintretende Änderungen müssen berücksichtigt werden können (Flexibilität)

Weiterhin ist immer zu prüfen, ob überhaupt eine akzeptable Methode für die Messung von Kennzahlen zur Verfügung steht und ob Aufwand und Nutzen in einem vernünftigen Verhältnis zueinander stehen. Wenn der Aufwand, sie zu erheben und berechnen zu groß wird, ist die Wirtschaftlichkeit nicht mehr gegeben.

Der Aufwand, der für die Erhebung der nicht finanzorientierten Kennzahlen betrieben werden muss, wird in der Regel zu hoch bewertet. Gerade bei den mitarbeiterorientierten Kennzahlen wird oft die Wichtigkeit der Kennzahlen und Informationen unterschätzt. Zum Beispiel benötigen Änderungsmaßnahmen zur Steigerung der Mitarbeiterzufriedenheit einige Zeit, bis diese sich auf den Erfolg des Projekts auswirken können, meist wird diese Auswirkung sich sogar erst in den Folgeprojekten niederschlagen. Solange man sich dieser Verzögerung bewusst ist, sind diese Kennzahlen eine wichtige Hilfe für eine langfristige Qualitätssteigerung des Produkts „Messe".

Um diese Abhängigkeiten der einzelnen Kennzahlen von einander besser zu verdeutlichen, ist es nötig, die Kennzahlen in einem Kennzahlensystem einzuordnen.

5.3 Aufbau des Kennzahlensystems für ein Messeprojekt

Der wichtigste Messwert eines Messeprojekts ist der Erfolg. Die Beurteilung des Erfolgs eines Messeprojekts ist momentan stark durch die finanzwirtschaftliche Kennzahl des erreichten Deckungsbeitrags geprägt. Es erfolgt meist keine Darstellung der Abhängigkeit zwischen dem DB und den, bei jeder Messeveranstaltung durchgeführten Kundenbefragungen. Doch um eine möglichst genaue Abbildung der Leistungen in einem Projekt zu bekommen, ist es nötig, alle erfolgsrelevanten Faktoren in einem System zusammenzufügen, so können die Ursachen für den Erfolg und Misserfolg eines Projekts gefunden werden.

Ein Kennzahlensystem muss also sowohl die finanzielle Entwicklung, als auch die Effizienz operativer Abläufe im Projekt beurteilen können. Die voneinander abhängigen Kennzahlen sollen damit zusammengefasst und erklärt werden. Nur so kann es für den Projektmanager, ein wertvolles Instrument zur Planung, Steuerung und Kontrolle werden.

5.3.1 Anforderung an ein Kennzahlensystem für Messeprojekte

Das messeprojektorientierte Kennzahlensystem (MPO-Kennzahlensystem) soll somit neben den üblichen finanziellen Kennzahlen, wie beispielsweise die Rentabilität oder der DB, die primär nur die finanziellen Ergebnisse der Projektarbeit aufzeigen, auch Kennzahlen einbeziehen die die finanziellen Kennzahlen beeinflussen, die sognannte „Leistungstreiber". Zu diesen „Leistungstreibern" gehören z.B. die kundenorientierten Kennzahlen sowie die Kennzahlen zur Effizienz der Arbeitsprozesse und die mitarbeiterorientierten Kennzahlen. Die Darstellung des Zusammenhangs zwischen den „Leistungstreibern" und den finanziellen Kennzahlen hat eine große Bedeutung, da es sich bei Messeprojekten um eine Dienstleistung handelt und somit die Kundenzufriedenheit und die Servicequalität eine entscheidende Rolle spielt.

Als Basis des Kennzahlensystems gilt es, messbare operationale Ziele zu finden und zu definieren, denn ohne sie lässt sich das Messeprojekt nicht managen.

Des weiteren sollte das Kennzahlensystem Frühwarnindikatoren enthalten, zur Erfassung bedeutsamer Veränderungen, wie z.B. durch das Erfassen von Messebeteiligungsdaten und die selektive Einbeziehung von Ausstellergruppen.

Da sich jedes Messeprojekt von den anderen Projekten unterscheidet und ständigen Änderungen unterworfen ist, sollte das System leicht anpassungsfähig an neue Umstände und Bedingungen sein.

Angesichts des bei Messeprojekten immer gegebenen und meist knapp kalkulierten Zeitlimit ist auf eine leichte Anwendbarkeit und Durchführbarkeit der Zielüberwachung, durch die Kennzahlen, zu achten. Das Kennzahlensystem sollte leicht verständlich und mit nicht allzu großem Aufwand anwendbar sein.

5.3.2 Das MPO-Kennzahlensystem

Bevor ein Kennzahlensystem aufgebaut werden kann, sollte klar sein, welchen Zweck das Kennzahlensystem verfolgen soll. Es ist zu klären, ob es eine strategische oder operative Ausrichtung haben, ob es eine Informationsfunktion oder Steuerungsfunktion erfüllen oder eine Mischform all dieser Eigenschaften sein soll.

Um dies herauszufinden ist es hilfreich, einige der bekannten Kennzahlensysteme in einer Tabelle mit ihren Eigenschaften gegenüberzustellen und auf ihre Tauglichkeit bei der Anwendung auf ein Messeprojekt hin zu untersuchen.

Untersuchte Kennzahlensysteme	Anforderungen an ein Kennzahlensystem												
	Orientierung am Zielsystem	Einfacher Aufbau	Verständlichkeit	Genauigkeit	Anpassungsfähigkeit	Benchmarkingfähigkeit	Mehrdimensionalität	Kundenorientierung	Mitarbeiterorientierung	Umfeldorientierung	Prozessorientierung	Allg. und indiv. Kennzahlenteil	Wirtschaftlichkeit
DuPont-Kennzahlensystem	◐	●	●	●	○	●	○	○	○	○	○	○	●
Return on Quality	●	●	●	◐	●	◐	●	●	●	◐	●	○	◐
Balanced Scorecard	●	◐	●	◐	●	○	●	●	●	●	●	◐	◐

● voll erfüllt   ◐ bedingt erfüllt   ○ nicht erfüllt

Tab. 5: Eignungsprofil verschiedener Kennzahlensysteme [1]

---
[1] vgl. Wolter O. (2002b), S. 30

Das ZVEI-Kennzahlensystem und das RL-Kennzahlensystem sind hier nicht aufgeführt, da sie genau wie das DuPont-System eine stark finanzorientierte Ausrichtung haben und somit ähnlich wie das DuPont-Kennzahlensystem zu bewerten sind. Auch wurde aufgrund seiner Ähnlichkeit zur Balanced Scorecard auf die Auflistung des Tableau de Bord verzichtet.

Vergleicht man nun die Eigenschaften der bekannten Kennzahlensysteme mit den für ein Messeprojekt wichtigen Anforderungen, so werden diese von den Ansätze der Balanced Scorecard und des Return on Quality am Besten erfüllt.

Das messeprojektorientierte Kennzahlensystem sollte eine Kombination aus Ordnungs- und Rechensystem sein. Dabei soll von einem Ordnungssystem ausgegangen werden, es sollen aber, wo immer möglich, mathematische Beziehungen zwischen den einzelnen Kennzahlen hergestellt werden, da diese objektiver und präziser als reine sachlogische Beziehungen sind. Durch die sachlogische Verknüpfung der Kennzahlen ist diese Kombination auch wesentlich flexibler als ein reines Rechensystem. Beim Aufbau dieses messeprojektorientierten Kennzahlensystems dienen die Balanced Scorecard und das Return on Quality Kennzahlensystem als Vorbild.

Das MPO-Kennzahlensystem soll alle relevanten Kenngrößen des Projekts abbilden, so dass Schwachstellen aufgedeckt werden können. Um dabei der Mehrdimensionalität eines Messeprojekts gerecht zu werden ist es sinnvoll, dass verschiedene Bereiche betrachtet werden, ähnlich der Perspektiven der Balanced Scorecard.

Das hier entwickelte MPO-Kennzahlensystem betrachtet die Bereiche Mitarbeiter, Prozesse, Kunden, Finanzen/Wirtschaftlichkeit und Image.

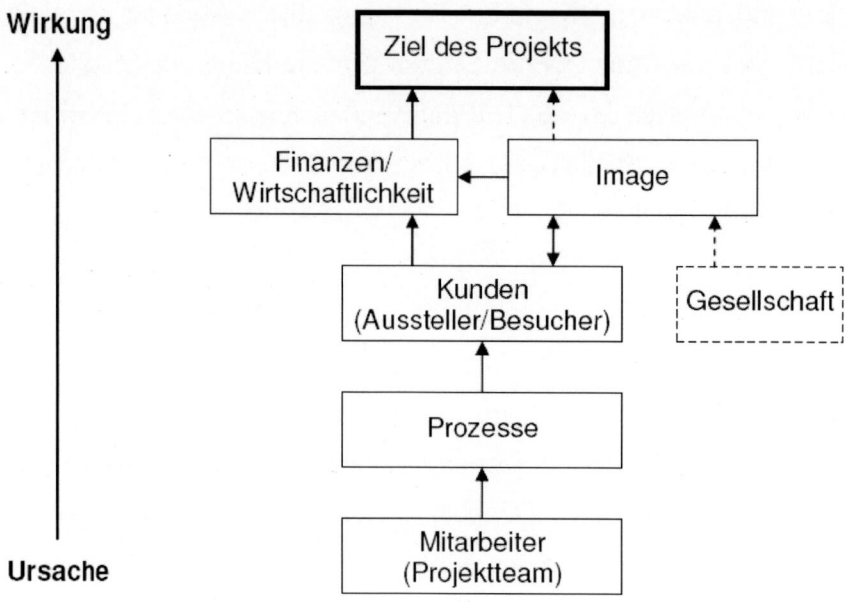

Abb. 32: Struktur des MPO-Kennzahlensystems

Das Ziel des Messeprojekts ordnet sich den Unternehmenszielen unter und ist so formuliert, dass es dieses Ziel unterstützt.

Diese Ziele sind in quantitative Ziele und qualitative Ziele zu differenzieren:

Quantitative Ziele können eine Steigerung des Umsatzes oder ein Wachstum des Marktanteils sein.

Qualitative Ziele wären die Steigerung der Kundenzufriedenheit, Steigerung des Produktwertes für den Kunden oder eine Optimierung des Services.

Das MPO-Kennzahlensystem geht davon aus, dass die Mitarbeiter die Qualität und die Effizienz der Prozesse in erheblichem Maß beeinflussen. Motivierte und zufriedene Mitarbeiter haben Spaß an ihrer Arbeit und steigern so die Prozessqualität, während unzufriedene Mitarbeiter nur das Nötigste erledigen und somit nicht zu einer Optimierung der Arbeitsprozesse beitragen.

Die Qualitätssteigerung der Prozesse und ihre Optimierung trägt zur Steigerung der Produktqualität und damit zu einer erhöhten Kundenzufriedenheit bei.

Zufriedene Kunden bleiben dem Unternehmen treu und werben durch Mund-zu-Mund-Propaganda weitere Kunden, dies führt zu einer erhöhten Aussteller und Besucherzahl und einer erhöhten Flächenvermietung. Umgekehrt führt die Unzufriedenheit der Kunden zu einem negativen Wachstum. Die Kundenzufriedenheit hat aber nicht nur Auswirkung auf die Umsatzsteigerung, sondern auch auf das Image der Messeveranstaltung und damit der Messegesellschaft. Die Steigerung des

Images der Messeveranstaltungen gehört zum langfristigen Ziel einer Messegesellschaft, denn ein gutes Image schlägt sich auch auf die Umsatzzahlen nieder und nicht nur auf die der Messegesellschaft, sondern auch auf die der gesamten Dienstleistungsbranche im Umfeld. Durch eine Messegesellschaft mit attraktiven und gut ausgelasteten Kapazitäten profitieren andere Unternehmen wie Gastronomiebetriebe, Verkehrsunternehmen, Messebauer, Logistikbetriebe usw., „jeder Euro Umsatz der Messegesellschaften bringt der Region fast das Zehnfache an Umsätzen in Herbergen und Läden"[1].

Doch nicht nur die Kundenzufriedenheit beeinflusst das Image, auch die moralische und ethische Bewertung der Messegesellschaft und ihre Messeveranstaltungen durch die Gesellschaft, trägt zum Image bei.

5.3.2.1 Mitarbeiterorientierung

Es gibt Schätzungen, dass nur ca. 80% der vorhandenen Fähigkeiten von Mitarbeitern tatsächlich genutzt werden, hier ist also ein enormes Potenzial für eine Leistungssteigerung vorhanden.[2] Um dieses Potenzial zu erkennen und eine Leistungssteigerung zu erreichen, muss der Bereich Mitarbeiter mit in das Kennzahlensystem integriert werden.

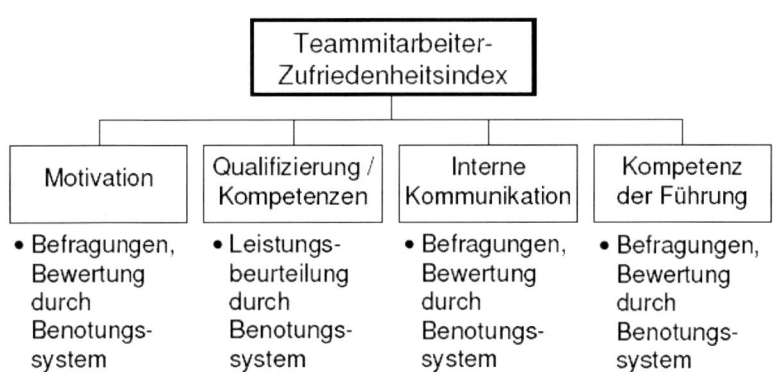

Abb. 33: Aufbau des Bereichs Mitarbeiter des MPO-Kennzahlensystems

Zufriedene Mitarbeiter haben ein höheres Engagement und eine bessere Beziehung zu den Kunden, dies ist ein entscheidender Erfolgsfaktor.

---

[1] Schnitzler L. (2003), S. 60
[2] vgl. Hensler F. (2002), S. 17

Da sich nicht jeder Faktor gleichstark auf die Zufriedenheit auswirkt, ist es erforderlich die Einflussfaktoren zu gewichten.

Eine Berechnung des Mitarbeiterzufriedenheitsindexes könnte somit wie folgt aussehen:

Mitarbeiterzufriedenheitsindex			
Messbereich	Gewichtung	Erhaltene Durchschnitts-note	Gewichtete Note
Motivation	30 %	1,5	0,45
Kompetenz der Führung	25 %	1,95	0,49
Qualifizierung/Kompetenz	25 %	2,05	0,51
Interne Kommunikation	20%	2,5	0,5
Gesamt	100 %		1,95

Tab. 6: Gewichtung der Messbereiche des Mitarbeiterzufriedenheitsindex

Die durch den Fragebogen zur Mitarbeiterzufriedenheit errechnete Durchschnittsnote wird nun gewichtet und fließt so in den Mitarbeiterzufriedenheitsindex ein.
Mit Hilfe eines Zufriedenheitsindexes, lässt sich eine Mitarbeiterzufriedenheit im Projektteam leichter verfolgen und überblicken.

5.3.2.2 Prozessorientierung

Um die Effizienz der Unternehmensprozesse einschätzen zu können und die Prozessqualität zu steigern, die Auswirkungen auf die Kundenzufriedenheit hat, müssen einige Prozesskennzahlen erhoben und im Kennzahlensystem abgebildet werden.
Da es sich bei Messeprojekten um Prozesse mit Dienstleistungscharakter handelt, sollten die Kennzahlen stark an den Kernprozessen des Messeprojekts festgemacht werden. D.h. Durchlaufzeiten und die Akquisitions- und Werbeerfolge sind, soweit sie messbar gemacht werden können, hierfür sinnvolle Kenngrößen.
Da die Messung der Durchlaufzeit zu aufwändig ist, erfolgt hier eine Kontrolle durch die Erfüllungsquote der Sollbearbeitungszeit für Beschwerden und Anmeldungen, so kann eine Aussage über die Qualität des Durchlaufprozesses getroffen werden.

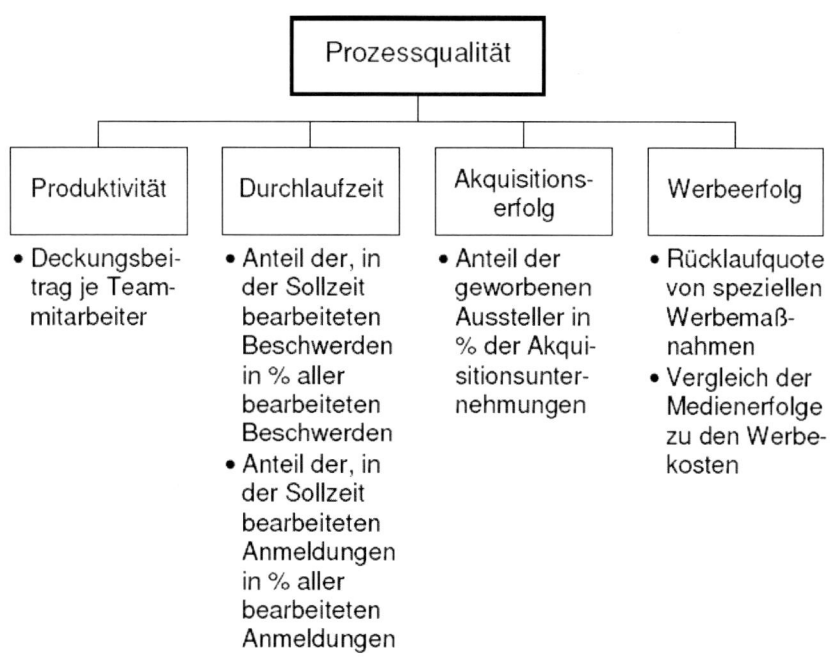

Abb. 34: Aufbau des Bereichs Prozesse des MPO-Kennzahlensystems

5.3.2.3 Kundenorientierung

Die Kundenzufriedenheit wirkt sich direkt auf den Erlös des Projekts aus. Diese Auswirkung beruht nicht auf einer rechnerischen Verbindung der Bereiche Kunden und
Finanzen/Wirtschaftlichkeit, sonder zwischen diesen Bereichen besteht ein sachlogi-
scher Zusammenhang.

Eine Qualitätssteigerung der erbrachten Leistung führt beim Kunden zu einer Wert-
erhöhung des Produkts „Messeveranstaltung" und somit zu erhöhter Kundenzufriedenheit. Durch die Kundenzufriedenheit schafft man eine langfristige Kundenbindung, welches zu einer Gewinnsteigerung führt.

Bei einer Messeveranstaltung, die zum Dienstleistungsbereich zählt, ist besonders
viel Wert auf die Meinungen, Wünsche und Bedürfnisse der Kunden zu legen. Diese
Bedürfnisse und Wünsche sind einer ständigen Änderung unterworfen, daher ist es
erforderlich, einen engen und ständigen Kontakt zu den Kunden zu pflegen. Durch
Befragungen und Gespräche der Kunden bekommt man frühzeitig Reaktionen auf
positive und negative Faktoren des Projekts Messeveranstaltung. Auf diese sollte
schnell reagiert werden, denn bei entsprechenden Änderungen und Ausbau des Services oder der Produktqualität, werden die Kunden dem Unternehmen treu bleiben,

da auf sie eingegangen wird. Jedoch ist es schwierig, einen schon abgewanderten Kunden wiederzugewinnen, daher ist dem Bereich der Kunden im MPO-Kennzahlensystem besondere Aufmerksamkeit zu widmen.

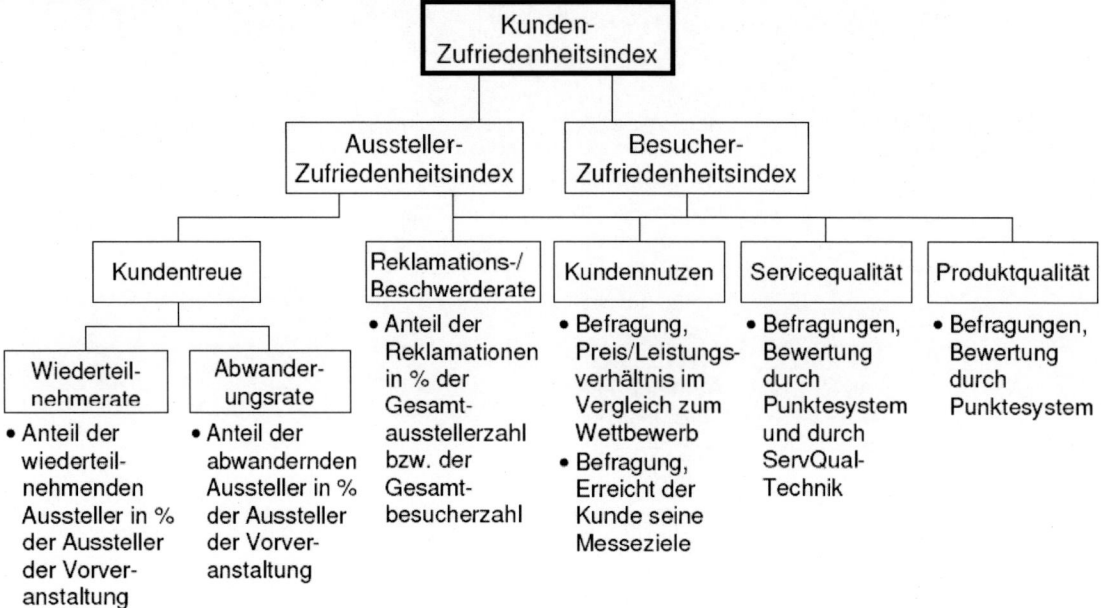

Abb. 35: Aufbau des Bereichs Kunden des MPO-Kennzahlensystems

Da die Messe zwei Kundengruppen mit unterschiedlichen Bedürfnissen bedient, muss für beide Kundengruppen ein Zufriedenheitsindex gebildet werden.

Die Berechnung des Indexes erfolgt ähnlich der des Mitarbeiterzufriedenheitsindexes.

Der Kundennutzen und die Produktqualität werden in Fragebögen durch ein Punktesystem ermittelt. Aus diesem ermittelten Durchschnittswert wird dann die gewichtete Punktezahl errechnet. In nachfolgendem Beispiel (Tabelle 9) wurde von einer Punkteskala von eins (schlecht) bis fünf (sehr gut) ausgegangen.

Die Kennzahlen für die Bereiche der Kundentreue und der Reklamationen müssen für die Berechnung des Zufriedenheitsindexes in eine Punktbewertung umgewandelt werden. Diese kann wie folgt aussehen:

Wiederteilnehmerquote									
Punkte	1	1,5	2	2,5	3	3,5	4	4,5	5
Prozentwert	0%-15%	15%-30%	30%-40%	40%-50%	50%-60%	60%-70%	70%-80%	80%-90%	90%-100%

Tab. 7: Umrechnungstabelle Wiederteilnehmerquote

Abwanderungsrate/Reklamationsrate									
Punkte	5	4,5	4	3,5	3	2,5	2	1,5	1
Prozentwert	0%-10%	10%-20%	20%-30%	30%-40%	40%-50%	50%-60%	60%-70%	70%-85%	85%-100%

Tab. 8: Umrechnungstabelle Abwanderungsrate/Reklamationsrate

Die Kundentreue, also Wiederteilnehmerrate und Abwanderungsrate kann bei Messeprojekten eigentlich nur von den Ausstellern beurteilt werden, da hier nachprüfbare Daten über eine Teilnahme vorliegen. Bei der Berechnung des Besucherzufriedenheitsindexes werden diese Kennzahlen daher nicht verwendet.

Ausstellerzufriedenheitsindex			
Messbereich	Gewichtung	Erhaltene Durchschnitts-werte	Gewichtete Punkte
Kundentreue		10%	4,5	0,45
Wiederteilnehmer	50%	4	
Abwanderer	50%	5	
Reklamationen/Beschwerden		15%	4,5	0,675
Kundennutzen		25%	3,5	0,875
Servicequalität		25%	4,5	1,125
Produktqualität		25%	3,5	0,875
Gesamt	100 %		4

Tab. 9: Berechnung Ausstellerzufriedenheitsindex

Die Befragungen zur Servicequalität mit der ServQual-Technik liefert dem Projektmanager zwei Aussagen. Zum einen kann die reine Beurteilung der erhaltenen Servicequalität berechnet werden und zum andern die Diskrepanz der erfahrenen und erwarteten Servicequalität.

Bei der Auswertung des ServQual-Fragebogens wird die Differenz der erfahrenen Servicequalität und der erwarteten Servicequalität gebildet. Wurde beispielsweise die erfahrene Servicequalität mit einer Punktzahl von 4 versehen und bei der erwarteten wurden 3 Punkte gegeben, bedeutet dies ein Plus von eins (4-3=1), hier wurde die Erwartung übertroffen. Während bei dem umgekehrten Fall eine Diskrepanz von einem Punkt vorhanden wäre (3-4 = -1), also eine Nichterfüllung der Erwartung des Kunden.

Mit diesem Aussagewert können die Qualitätstreiber ermittelt werden: in welchen Bereichen eine 100% Erfüllung, Bedingung für die Kundenzufriedenheit ist und welche Bereiche als weniger wichtig eingestuft werden.

Setzt man den Durchschnittswert der Servicequalität in Beziehung zu der Anmeldequote und Kundentreue der nächsten Veranstaltung, bekommt man über den Zeitraum mehrerer Veranstaltungen ein gutes Bild, wie sich die Servicequalität auf die Kundenbindung auswirkt.

5.3.2.4 Wirtschafts-/Finanzorientierung

An oberster Stelle steht der Bereich der wirtschaftsorientierten Kennzahlen, hier spiegeln sich letztendlich die Auswirkungen der anderen Bereiche in harten Kennzahlen wieder.

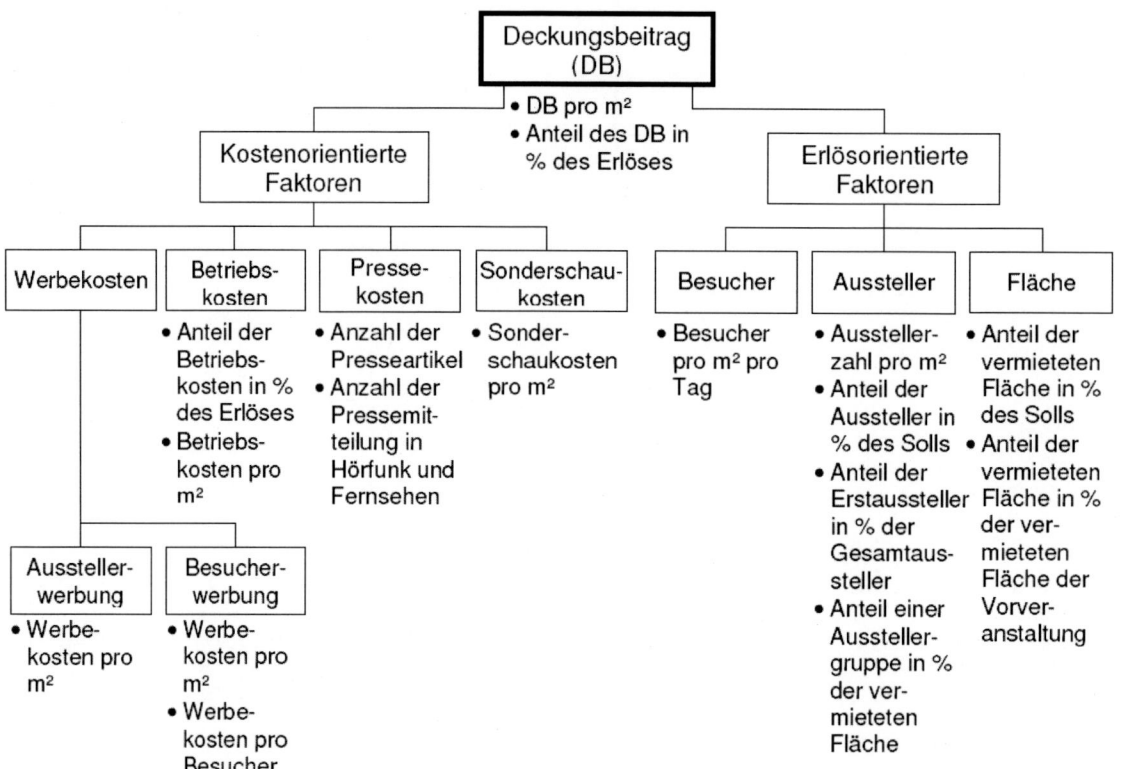

Abb. 36: Aufbau des Bereichs Finanzen des MPO-Kennzahlensystems

Der Finanzbereich ist in zwei Faktoren aufgeteilt, der kostenorientierte und der erlösorientierte Faktor. Die Differenz vom Erlös der Messeveranstaltung und den angefallenen Kosten ergibt den Deckungsbeitrag des Projekts. Mit dieser Kenngröße kann eine Aussage über die finanzielle Rentabilität des Projekts getroffen werden.

5.3.2.5 Imageorientierung

Als ein weiterer Bestandteil des Kennzahlensystems ist der Imagefaktor zu sehen. Unternehmen müssen auch eine gesellschaftliche Verantwortung bzgl. der Umwelt und/oder sozialen Verhaltens wahrnehmen, um gesellschaftlich ein gutes Image zu erhalten und wettbewerbsfähig zu bleiben.

Zur Bewertung des Images gehört bei Messegesellschaften vor allem der Umgang mit Ressourcen und der Umwelt. Durch die begrenzte Veranstaltungsdauer fällt bei Messegesellschaften teilweise ein enormer Materialverbrauch an, den es zu entsorgen oder recyceln gilt.[1] Ein vorbildliches Verhalten hinsichtlich des Umgangs mit Ressourcen im unmittelbaren und mittelbaren Wirkungsbereich, verbessert die Außenwirkung der Messeveranstaltung und Messegesellschaft.

Somit sind sinnvoller Energieeinsatz, Einsatz umweltschonender Betriebsmittel, Reduktion des Verbrauchs von Versorgungsgütern, Reduktion und Wiederverwertung der Abfälle, Zusammenarbeit mit den öffentlichen Verkehrsmitteln etc., weitere Aufgaben der Projektteams oder der Messegesellschaft.

Als Messgrößen für die Zufriedenheit der Öffentlichkeit mit der Messeveranstaltung, dienen Berichte in den Medien, Auszeichnungen für ressourcenschonenden Umgang, Berichte durch die Verbände oder die Anzahl von Beschwerden.

Aus den Bewertungen sollte hervorgehen, wie erfolgreich die Messeveranstaltung bei der Erfüllung der Bedürfnisse und Erwartungen der Gesellschaft insgesamt ist. Ziel muss sein, die Glaubwürdigkeit und das Ansehen der Messeveranstaltung in der Öffentlichkeit zu steigern. Dies wirkt sich positiv auf die Entscheidung des Kunden, die Messeveranstaltung zu besuchen bzw. an ihr teilzunehmen, aus und steigert so den Erlös.

---

[1] vgl. Selinski/Sperling (1995), S.255-260 und Robertz G. (1999), S.68f

5.3.2.6 Struktur des MPO-Kennzahlensystems

Dieses Kennzahlensystem, mit der Mitarbeiterzufriedenheits-, Prozessqualitäts- und Kundenzufriedenheitsmessung, sowie die Betrachtung der Imagefaktoren, zusammen mit strategischen Kennzahlen wie Umsatzzuwachs, soll dem Projektmanagement als Instrument zur Planung, Kontrolle und zum Vergleich von Messeprojekten dienen.

Bei Anwendung des Kennzahlensystems in allen Messeprojekten ist es durch internes Benchmarking möglich, Schwächen und Stärken der einzelnen Projekte aufzudecken. Weiterhin wäre ein Vergleich mit anderen Unternehmen möglich, wenn diese auch mit gleichen Kennzahlen arbeiten. Allerdings muss hier bei Messeprojekten genau geprüft werden, was überhaupt vergleichbar ist. Da die einzelnen Messeveranstaltungen verschiedene Branchen bedient, kann eigentlich kein Vergleich der finanzorientierten Kennzahlen mit denen anderer Messeprojekte durchgeführt werden. Jedoch können die Bereiche, die Auswirkungen auf die finanzorientierten Kennzahlen haben, einem Vergleich unterzogen werden, wie Mitarbeiter, Prozessqualität, Kunden und das Image allgemein.

Mit Hilfe des Kennzahlensystems können jedem strategischen Ziel konkrete, operationale Messgrößen zugeordnet werden. Dies ermöglicht das Festlegen von Maßnahmen, die zum Erreichen des Ziels erforderlich sind. Durch die Festlegung der Messgrößen ist es möglich, den Stand der Zielerreichung regelmäßig zu überprüfen, ob die dazu eingeleiteten Maßnahmen zum Ziel führen werden und ob sie gegebenenfalls gesteigert werden müssen.

Das Kennzahlensystem darf aber nicht als ein fixes Werk betrachtet werden. Durch andauernde Veränderungen im Markt, den Unternehmen und damit auch in den Messeprojekten ergeben sich ständig neue Anforderungen, daher werden manche Kennzahlen nicht mehr anwendbar sein und neue Kennzahlen werden benötigt. Das Kennzahlensystem muss also ständig überprüft, aktualisiert und weiterentwickelt werden. Aufgrund des modularen und einfachen Aufbaus des Kennzahlensystems ermöglicht es einen einfachen Um- bzw. Anbau weiterer Kenngrößen, damit es ein leistungsfähiges Steuerungsinstrument für das Projektmanagement bleibt.

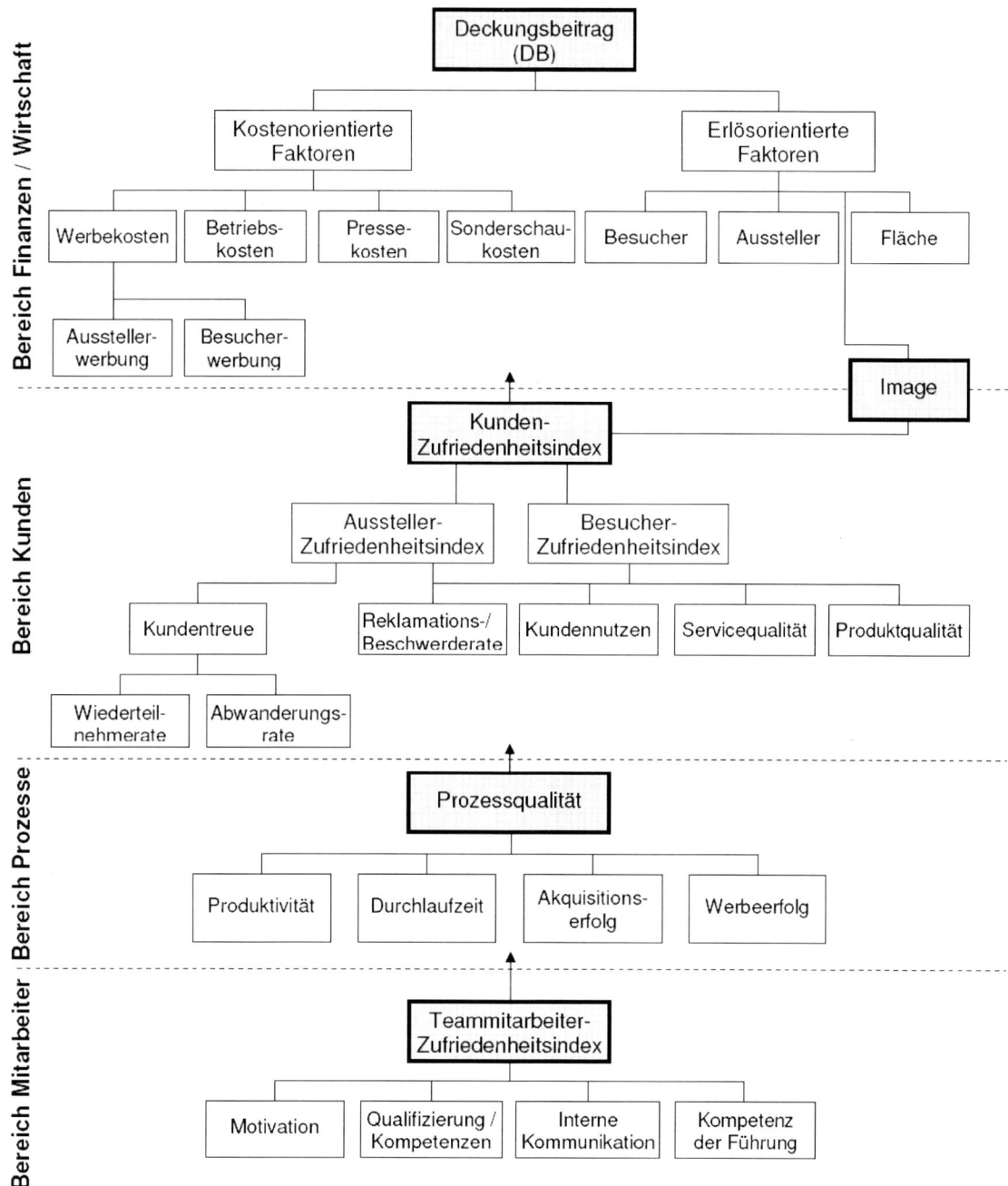

Abb. 37: Aufbau des MPO-Kennzahlensystems

5.3.3 Umsetzung des Kennzahlensystems im Projekt

Bei der hier gezeigten Grundstruktur einer Kennzahlenhierarchie zur Projektsteuerung und -kontrolle kann gesehen werden, welche vielfältigen Einflüsse auf einzelne
Kennzahlen und somit auf das ganze System wirken können.

Bei der Umsetzung eines solchen Systems geht es vor allem um die Akzeptanz der Kennzahlen und des Systems bei den Teammitarbeitern und beim Projektmanager. Für die praktische Umsetzung bedeutet dies, dass allen Teammitarbeitern die Ziele und die Gründe des Kennzahlensystems verständlich sein müssen, sie müssen aktiv an der Nutzung der Kennzahlen beteiligt sein. Dies steigert die Akzeptanz und motiviert. Das theoretisch entwickelte MPO-Kennzahlensystem und die Kennzahlen müssen in der Praxis, von den Anwendern, auf ihre praktische Handhabung während der täglichen Projektarbeit, überprüft werden. Ebenso ist es erforderlich den erreichten Nutzen, ob Ziele und Gesamtverbesserungen, durch das Kennzahlensystem erreicht wurden, zu kontrollieren.

Zur Überprüfung der Kennzahlen sollte erfasst werden, wie oft sie zur Entscheidungsfindung oder zur Zielüberprüfung herangezogen werden, ob sie zur Einleitung von Änderungsmaßnahmen dienen und ob sie überhaupt genutzt werden.[1]

Zur leichteren Nutzung des Systems ist eine rechnerunterstützte Erfassung der Kennzahlen anzustreben. Hierfür werden verschiedene Programme auf dem Markt angeboten, die auf ihre Tauglichkeit hin untersucht werden müssen.

Das Kennzahlensystem kann im Rahmen eines Pilotprojektes zunächst für ein Messeprojekt eingesetzt und ausgebaut werden. Nach der erfolgreichen Implementierung ist die Übertragung des Systems auf andere Projekte möglich.
Es ist hier aber zu berücksichtigen, dass sich eine positive Auswirkung, durch die Implikation des Kennzahlensystems, auf den Deckungsbeitrag erst nach ein bis zwei Projekten einstellen wird.

5.4 Chancen, Risiken und Grenzen des entwickelten Kennzahlensystems

Bei Befragungen von Projektmanagern und Projektteammitarbeitern verschiedener Messegesellschaften und Messeveranstalter wurden Bedenken zur Anwendbarkeit von Kennzahlen für Messeprojekte geäußert. Momentan werden in den meisten Unternehmen dieser Branche keine Kennzahlensysteme eingesetzt. Die Begründungen hierfür sind, dass die Zielvorgaben von Messeprojekten schwer messbar seien und

---

[1] vgl. Wolter O. (2002a), S. 229

jedes Messeprojekt einzigartig ist. Es wurden auch Bedenken hinsichtlich einer möglichen Personalkontrolle durch den Kennzahleneinsatz genannt. Allerdings wurde auch von fast allen Befragten die Wichtigkeit einer Effizienz-, Effektivitäts- und Qualitätsmessung bei Messeprojekten als sehr hoch eingestuft.

Obwohl Kennzahlen und Kennzahlensysteme als wichtige Planungs- und Entscheidungsgrundlagen anzusehen sind, ist zu berücksichtigen, dass sie auch gewisse Risiken bergen, die ihre Anwendung einschränken oder sogar unmöglich machen können.

Durch die Verdichtung der Kennzahlen können Details verloren gehen, was eventuell zu einer Fehlinterpretation der Kennzahl und auch zu einer Fehlentscheidung führen kann. Eine weitere Gefahr ist, dass der Projektmanager sich zu sehr von den quantifizierbaren Kennzahlen leiten lässt, da sie leichter zu erheben und berechnen sind und die qualitätsorientierten Kennzahlen, die meist die quantifizierbaren Kennzahlen beeinflussen, zu wenig beachtet.

Bei Messeprojekten besteht auch immer die Gefahr der Nichtvergleichbarkeit. Hier muss sorgfältig geprüft werden, was verglichen wird. Durch die Unterschiedlichkeit der einzelnen Messeprojekte, können die finanzorientierten Kennzahlen unter Umständen nicht mit denen anderer Messeprojekte verglichen werden. Beispielsweise lässt sich eine Publikumsmesse wie die CMT (Internationale Ausstellung für Caravan, Motor, Touristik) nicht mit einer Fachmesse wie „Rescue", eine Ausstellung für das Rettungswesen und der Gefahrenabwehr, vergleichen.

Doch auch bei den qualitätsorientierten Kennzahlen sind einige Faktoren zu beachten. Eine Vergleichbarkeit der weichen Kennzahlen kann unter Umständen schwierig sein, denn die weichen Kennzahlen werden aus subjektiven Meinungen gebildet.

Eine wirklich aussagekräftige Messgröße erhält man meist nur über eine statistisch relevante Menge. Je mehr Aussagen zur Verfügung stehen, desto verlässlicher ist die Kennzahl.

Ein weiteres Risiko besteht in der „Messbarkeit" der Leistungen und der Qualitäten, es ist zu prüfen, ob der Aussagewert der Kennzahl im Verhältnis zum Erstellungsaufwand steht. Oftmals kann eine Kennzahl nicht ohne erheblichen Aufwand oder nur unter restriktiven Annahmen bzgl. dem Fehlen äußerer Einflüsse erhoben werden, wie beispielsweise die Messung der Durchlaufzeiten.

Weiterhin muss bedacht werden, dass oft die Erfolge oder die Auswirkungen von Maßnahmen, erst mit einer Verzögerung zu erkennen sind, dies muss dem Projektmanager im Umgang mit den Kennzahlen bewusst sein, sonst können Fehlinterpretationen die Folge sein.

Ist man sich dieser Risiken und Grenzen bewusst, dann können Kennzahlensysteme als Frühwarnsysteme fungieren, um rechtzeitig auf mögliche Probleme aufmerksam zu werden und Maßnahmen zu deren Beseitigung einleiten zu können. Gleichzeitig dient ein Kennzahlensystem als Instrument beim Planungsprozess. Mit dessen Hilfe können Vorgaben zu den Projektzielen in knapper Form formuliert und kommuniziert werden, die sich dann leicht und schnell überprüfen lassen, dadurch ist es ein effizientes Werkzeug für den Projektmanager.

Mit einem Kennzahlensystem werden die Zusammenhänge einzelner Faktoren überschaubar dargestellt, dies ermöglicht das Erkennen von Ursachen und Wirkungen bestimmter Faktoren. Durch die Miteinbeziehung der kundenorientierten und mitarbeiterorientierten Faktoren können Qualitätstreiber zur Erhöhung der Kundenzufriedenheit gefunden und erkannt werden.

Des Weiteren können mit Hilfe von Kennzahlen Erfolge erkannt und sichtbar gemacht werden, dies wirkt auf das Projektteam motivierend für das nächste Projekt. Die mitarbeiter- und prozessorientierten Kennzahlen sind Messziffern menschlicher Leistung und Leistungsbereitschaft, diese gilt es zu aktivieren und zu verbessern, wobei das Kennzahlensystem als Hilfsmittel dient.

Wenn die Risiken bekannt sind und das Kennzahlensystem als Hilfsmittel betrachtet wird, das Anstöße liefert und nicht die Antwort auf alle Probleme ist, dann wird es ein wertvolles Instrument für das Projektmanagement sein.

5.5 Mehrwert für das Projektmanagement

Mehrwert oder Mehraufwand?

Das ist für den Messeprojektmanager die entscheidende Frage, denn gerade im Messewesen spielt der zeitliche Faktor eine wichtige Rolle. Der nächste Messetermin steht nun mal unabänderlich fest.

Daher wurde versucht, die Daten, die ohnehin schon vom Projektleiter im Verlauf des Messeprojekts erhoben werden und sich auch bewährt haben, zu ergänzen und sinnvoll in einem System zusammenzufügen. So wird der Mehraufwand für die Erhebung der Kennzahlen, für den Projektmanager in Grenzen gehalten. Dadurch wird ein Mehrwert für das Projektmanagement geschaffen.

Um ein qualitativ hochwertiges Produkt zu schaffen und dabei effizient zu sein muss der Projektmanager drei Parameter[1] berücksichtigen:

- Quantität der Arbeit, sich ergebend aus der Produktivität der Mitarbeiter.
- Qualität der Arbeit, das Richtige auch richtig tun
- Richtung der Arbeit, das bedeutet „Fischen, wo die Fische sind"

Alle drei Parameter gilt es zu steuern, um sicherzustellen dass Produktivität auch zielgerichtet und effizient eingesetzt wird.

Das Kennzahlensystem ermöglicht dem Projektmanager ein Führen des Messeprojekts mit klar formulierten Zielen, die vor allem auch überprüfbar und damit steuerbar sind. Durch die Vernetzung verschiedener Bereiche, ist es dem Projektmanager möglich Wechselwirkungen nicht direkt miteinander gekoppelter Vorgänge zu erkennen.

Wenn sich der Projektleiter der Risiken eines Kennzahlensystems bewusst ist, wenn klar ist, dass ein solches System kein Allheilmittel, aber ein wertvolles Hilfsmittel für ein professionelles Projektmanagement ist, dann bedeutet ein kontinuierlich angewandtes Kennzahlensystem einen klaren Mehrwert für das Messeprojektmanagement.

Langfristig wird die Qualität des Produkts „Messe" damit die Kundenzufriedenheit, der zu erreichende Deckungsbeitrag und somit auch die Qualität des Projektmanagements für Messeprojekte steigen.

Der gewonnene Wert für das Projekt: Messbare Erfolge!

---

[1] vgl. Huckemann/Weiler (1998), S. 249

6 Fazit und Ausblick

Eine anhaltende Wachstumsschwäche und die sinkende Investitionsbereitschaft der Unternehmen führte 2002 zu einem deutlichen Rückgang von Ausstellern, Besuchern und der vermieteten Standflächen.[1]

Ein Ende dieses Trends ist noch nicht abzusehen, daher steigt auch der Wettbewerbsdruck im Messewesen weiter an. Das Projektmanagement von Messeprojekten ist mehr und mehr gefordert, das „Produkt", also die Messeveranstaltung, ständig den aktuellen Marktverhältnissen und Kundenbedürfnissen anzupassen.

Die Aussteller und Besucher überprüfen aufgrund, des für sie wachsenden Kostendrucks zunehmend, Art, Umfang und Sinn einer Messebeteiligung.
Der gebotene Service und dessen Qualität werden für den Kunden an Bedeutung zunehmen. Beispielsweise wird der Erfolg des Ausstellers, durch die fachliche Beratung vor und während der Messe unterstützt.
Wichtig ist, dass der Kunde durch die Teilnahme an der Messeveranstaltung einen Mehrwert erhält.

Um das Projekt zum Erfolg zu führen, werden Themen wie Effizienz, Qualität und Kundenbindung für die Messeveranstalter und deren Projektmanager in Zukunft zunehmend wichtiger. Die Frage nach der Messbarkeit von Effizienz und Qualität rückt daher immer mehr in den Mittelpunkt. Dies wird zu einem verstärkten Einsatz von Kennzahlen führen müssen.
Jedoch bleibt festzuhalten, dass es eine einheitliche Erfolgskontrolle für Messeprojekte wohl auch in Zukunft nicht geben kann. Die Individualität jeder Messeveranstaltung verlangt nach einer individuellen Bewertung. Es wird ein Kennzahlensystem benötigt, das genug Flexibilität bietet, um durch einfache Anpassungen für jedes Messeprojekt anwendbar zu sein. Dabei werden besonders die nichtmonetären Kennzahlen eine immer größere Rolle spielen.
Für Dienstleister wird in Zukunft vor allem der Aspekt der Kundenbewertung und wie diese noch besser quantifizierbar gemacht werden kann von großer Bedeutung sein, um dieselbe noch besser als Steuergröße im Projektverlauf verwenden zu können.

---

[1] vgl. AUMA, Messekennzahlen 2002, siehe Anhang

Das in diesem Buch entwickelte Kennzahlensystem soll hierfür einen Ansatz liefern. Durch die sachlogische Verknüpfung der Kennzahlen bietet es genügend Flexibilität für Änderungen und Ergänzungen. Weiterhin schafft es Möglichkeiten zur Vergleichbarkeit einzelner Faktoren, da eine ganzheitliche Betrachtung des Projekts erfolgt. Die Herausforderung für das Messecontrolling besteht somit darin, neue Kennzahlen und Maßnahmen für eine Erfolgskontrolle von Messeprojekten zu entwickeln.

Eine Gefahr, dass die virtuellen Marktplätze eine Konkurrenz zur Messeveranstaltung werden, zeichnet sich momentan nicht ab. Im Gegenteil, die persönliche Kommunikation, die Emotion und der Eventcharakter von Messen scheint speziell in der heutigen Zeit mit der überwiegend virtuellen Kommunikation, immer wichtiger zu werden. Jedoch kann die virtuelle Präsentation ergänzend zu einer Messeveranstaltung eingesetzt werden. Dies ermöglicht dem Veranstalter den Kontakt mit Ausstellern und Besuchern auf das ganze Jahr auszudehnen. Dies wird auch eine Generierung neuer Kennzahlen erfordern und neue Maßstäbe setzen.

Mit dem verstärkten Einsatz des Internets können die Messeteams ihre Serviceleistungen für die Aussteller und Besucher verbessern.

Passende Kennzahlensysteme werden den Messeprojektmanagern eine nützliche Hilfe auf dem Weg zum „Fullserviceanbieter" eines modernen Dienstleistungsunternehmens sein, denn nach Rockefeller jun. ist „Zielstrebigkeit (..) eine der wesentlichen Voraussetzungen für Erfolg im Leben, egal welches Ziel man verfolgt."[1] Und zur effizienten Zielverfolgung dienen Kennzahlen – auch für Messeprojekte!

Schlussbemerkung

Kennzahlen und Kennzahlensysteme zu entwickeln ist eine Sache, der erfolgreiche Einsatz derselben eine Andere.

Solche Systeme leben letztendlich immer von der Akzeptanz der Organisationen oder des Teams, die es anwenden. Die erste Aufgabe muss daher sein, die Motivation und den Willen zu wecken das System anzuwenden.

Antoine de Saint-Exupery Ausspruch verdeutlicht dies:

---

[1] John D. Rockefeller jun. 1874-1960, Erbauer des Rockefeller Centers in New York

„Wenn Du ein Schiff bauen willst so trommle nicht Männer zusammen, um Holz zu beschaffen, Aufgaben zu vergeben und die Arbeit einzuteilen, Werkzeuge vorzubereiten, sondern lehre die Männer die Sehnsucht nach dem weiten, endlosen Meer." Die Kennzahlen und Kennzahlensysteme sind nur ein Werkzeug, das dem Projektmanagement die Arbeit erleichtert und effizienter macht. Doch der Einsatz dieses Werkzeugs macht erst Sinn, wenn die Motivation, das Verständnis und der Wille zum erreichen eines Ziels im Team vorhanden ist.

Literaturverzeichnis

Bücher und Schriften:

Backhaus, Klaus   (1992), Messen als Institution der Informationspolitik
                         in: Strothmann/Busche (1992), S. 83-97

Beck, Thomas   (1996), Die Projektorganisation und ihre Gestaltung
                         in: Kosiol (1996)

Bruhn, Manfred   (2003), Messung der Anforderungen an die Dienst-
                         leistungsqualität
                         Leseprobe auf www.qm-trends.de/fb0902.htm

Burghardt, Manfred   (1995), Projektmanagement, 3. Aufl., Berlin und
                         München: Siemens-Aktiengesellschaft, 1995

Clausen, Elke   (2000), Messen optimal nutzen, Würzburg: Max
Schreiber, Peter   Schimmel Verlag, 2000

Dams, Colja M.   (2002), Projektmanagement ist gut, Eventcontrolling
                         ist besser in: Hosang M. (2002), S.39-57

Dinsmore, Paul C.   (1993), The AMA Handbook of Project Management,
                         New York: AMACOM Books (a division of American
                         Management Association), 1993

Ehrmann, Harald   (1999), Marketing-Controlling, 3. Aufl., Ludwigsburg:
                         Kiehl Verlag, 1999

Giesching, Friedhelm   (2002), Zimmer frei, in: W&V (Werben & Verkaufen),
                         Nr. 44, 31.10.2002, S. 114f.

Hansen, Wolfgang Kamiske, Gerd F.	(2002), Qualität und Wirtschaftlichkeit, QM- Controlling: Grundlagen und Methoden, Düsseldorf: Symposion Publishing, 2002
Helmich, Heike	(1998), Dynamik im Messe-Marketing der deutschen Investitionsgüterindustrie, Hamburg: Kovač 1998
Hensler, Friedrich	(2002), Qualitätsmanagement -Konzepte und Modelle, Skript zur Vorlesung Qualitätsmanagement, WS 02/03
Hoeth, Ulrike Schwarz, Wolfgang	(2002), Qualitätstechniken für die Dienstleistung, München und Wien: Carl Hansen Verlag, 2002
Hosang, Michael	(2002), Event & Marketing, Konzepte - Beispiele – Trends, 1. Aufl., Frankfurt am Main: dt. Fachverlag, 2002
Huckemann, Matthias Weiler, Dieter S. ter	(1998), Messen Meßbar Machen, Die 5 trojanischen Pferde des Messe-Marketing, 2. Aufl., Neuwied: Hermann Luchterhand Verlag, 1998
Janisch, Hans	(2002), Projektmanagement, Skript zur Vorlesung an der FH Kiel, IBET Institute for Business, Engineering and Technology, 24149 Kiel, WS 02/03
Klatt, Edmund Roy, Dietrich	(1983), Langenscheidts Taschenwörterbuch Englisch Erster Teil Englisch-Deutsch, Erweiterte Neuausgabe der 6. Bearbeitung, Berlin und München: Langenscheidt KG, 1983

Kohler, Mirjam	(2002), „Kein Tag wie der andere" in: Die Welt, 23.Novemver 2002, S. B1
Kosiol, Erich	(1996), Betriebswirtschaftliche Forschungsergebnisse, Band 105, Berlin 1996
Kraus, Georg Westermann, Reinhold	(2001), Projekt Management mit System, -Organisation, Methode, Steuerung-, 3. erweiterte Aufl., Wiesbaden: Verlag Gabler GmbH, 2001
Maderl, Peter	(o.J.), Die Informationsbeschaffung, m(Research Marktforschung, Merchandising Consulting GmbH, 2003 www.mresearch.at
Marquart, Christian	(2000), MesseManager, Ludwigsburg: avedition, 2000
Martino, Rocco L.	(1964), Project management and control, vol 2. New York, AMA, 1964
Müller-Rossow, Klaus	(1999), Gut ist nicht gut genug – auch bei Messen, Artikel in: Qualität und Zuverlässigkeit, Nr. 44,1999
Olfert, Klaus Pischulti, Helmut	(2002), Kompakt Training Unternehmensführung, 2.Aufl., Ludwigshafen (Rhein): Friedrich Kiehl Verlag, 2002
PMI	(2000), a Guide to the Project Management Body of Knowledge, Edition 2000, Pennsylvania: Project Management Institute (PMI), 2000

Reichmann, Thomas	(1995), Controlling mit Kennzahlen und Managementberichten, 4. Aufl., München: Verlag Vahlen, 1995
Robertz, Gerd	(1999), Strategisches Messemanagement im Wettbewerb: ein markt-, ressourcen- und koalitionsorientierter Ansatz, Wiesbaden: dt. Universitäts Verlag Gabler, 1999
Roloff, Eberhard	(1992), Die Öffentlichkeitsarbeit von Messegesellschaften in: Strothmann/Busche (1992), S. 201-219
Schnitzler, Lothar	(2003), Jeder für sich, in: Wirtschafts Woche, Jan. 2003, Nr. 1/2, S. 59f., Düsseldorf: Verlagsgruppe Handelsblatt GmbH
Selinski, Hannelore Sperling, Ute A.	(1995), Marketinginstrument Messe -Arbeitsbuch für Studium und Praxis-, Köln: Wirtschaftsverlag Bachem GmbH, 1995
Stauss, Bernd	(2001), Qualitätsmanagement: Bedeutung und Chancen für Dienstleister, Skript zur Vorlesung, Ingolstadt: Lehrstuhl für Dienstleistungsmanagement www.ku-eichstaett.de/WWF/ABWLDLM
Strothmann, Karl-Heinz Busche, Manfred	(1992), Handbuch Messemarketing, Wiesbaden: Verlag Gabler GmbH, 1992
Vetschera, R.	(1999), Informationsmanagement, Skript zur Vorlesung www.uni.zoechling.net/im/folien/imfol2.pdf

Vollmuth, Hilmar   (2002), Taschen Guide Kennzahlen, 2. Aufl., Pla-
                          negg/München: Rudolf Haufe Verlag GmbH & Co.,
                          2002

Weber, Manfred   (2002), Kennzahlen, Unternehmen mit Erfolg führen,
                          3. Aufl., Planegg/München: Rudolf Haufe Verlag
                          GmbH & Co. KG, 2002

Wolter, Olaf   (2002a), Ein TQM-Kennzahlensystem in: Han-
                          sen/Kamiske (2002), S. 205-233

Wolter, Olaf   (2002b), TQM Scorecard, 2. Aufl., München und
                          Wien: Carl Hansen Verlag, 2002

Ziegenbein, Klaus   (2001), Kompakt Training Controlling, Ludwigshafen
                          (Rhein): Friedrich Kiehl Verlag, 2001

Ziegler, Rainer   (1992), Messen ein makroökonomisches Subsystem
                          in: Strothmann/Busche (1992), S. 115-126

Normen und Informationen von Verbänden und web-sites:

AUMA   www.auma.de, Kennzahlen 2001 (Stand 05.05.2003)

Brockhaus Enzyklopä-   Online-Ausgabe, www.xipolis.net
die

DIN 69901   (1987), Projektmanagement – Begriffe, Ausschuss
                          Netzplantechnik und Projektmanagement (ANPM) im
                          DIN
                          Deutsches Institut für Normung e. V., Berlin: Beuth
                          Verlag, 1987

FKM	www.fkm.de
Infas	Institut für angewandte Sozialwissenschaft, www.infas.de
Infoquelle	http://www.infoquelle.de/Management/Kreativitaet/ Kreativitaetstechniken.cfm
NFO	www.nfoeurope.com
Wissen.de-Lexikon	Online-Ausgabe, www.wissen.de

Sonstige Schriften und Zeitschriften:

Projektmanagement aktuell	Hrsg. GMP Deutsche Gesellschaft für Projektmanagement e.V., Roritzerstraße 27, D-90419 Nürnberg
m + a report Das Messe-Marketing-Magazin	m+ a Verlag für Messen, Ausstellungen und Kongresse GmbH, Ein Unternehmen der Verlagsgruppe Deutscher Fachverlag
TW, TagungsWirtschaft - ConventionIndustry	m+ a Verlag für Messen, Ausstellungen und Kongresse GmbH

Anhangsverzeichnis

Anhang I   Umfrage des EMNID-Instituts, Oktober 2002

Anhang II   Analyse des Werbeerfolgs und der Kosten einer Messeveranstaltung der Messe Stuttgart.

Anhang III   Messekennzahlen 2002, herausgegeben von der AUMA

Anhang IV   Der, an mehrere Messegesellschaften und Messeveranstalter
in Deutschland, versendete Fragebogen zur Messbarkeit der
Projektarbeit.

Anhang V   Dieser Fragekatalog diente als Grundlage für Interviews mit
einigen Messeprojektmanagern und –leitern der Messe Stutt-
gart.

Umfrage des EMNID-Instituts, Oktober 2002

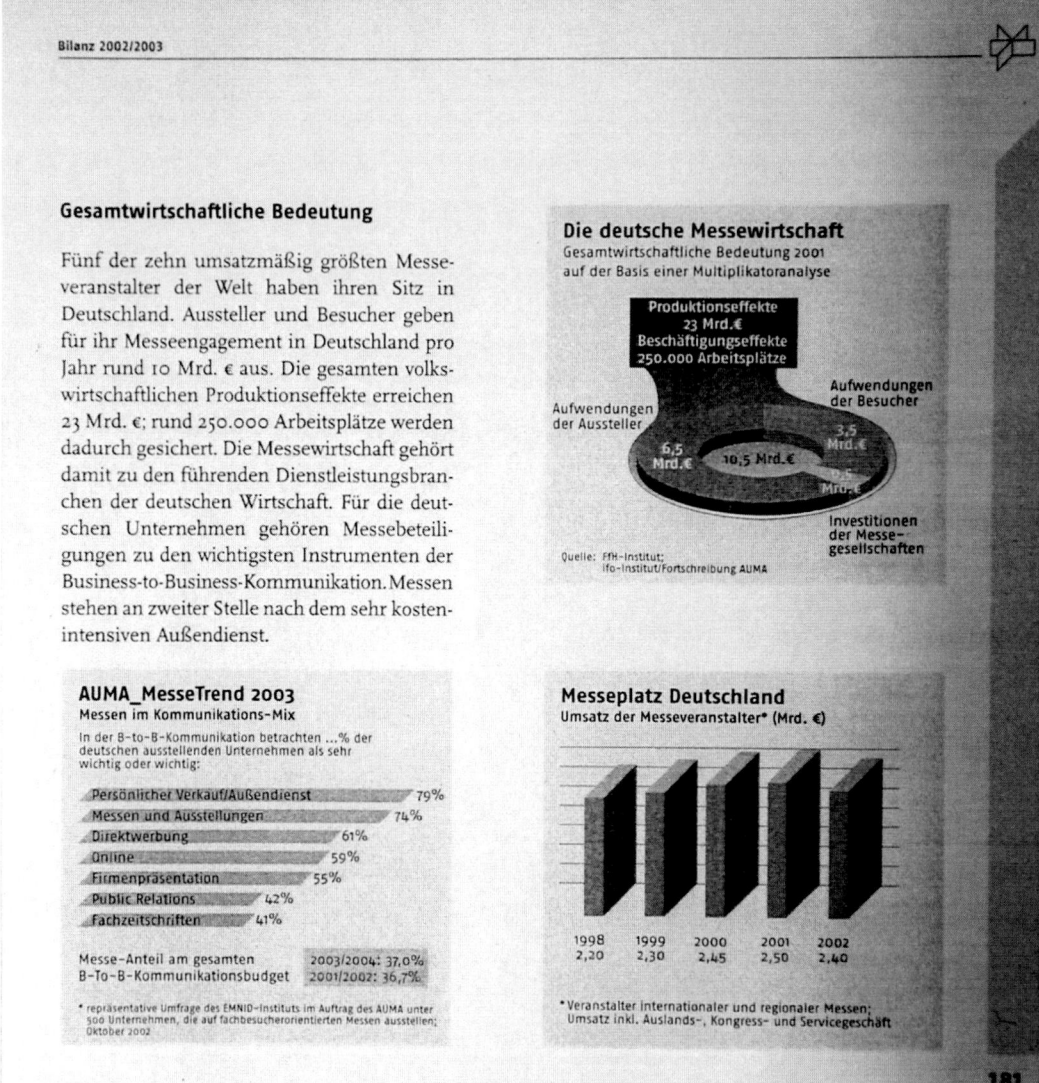

Bilanz 2002/2003

Gesamtwirtschaftliche Bedeutung

Fünf der zehn umsatzmäßig größten Messeveranstalter der Welt haben ihren Sitz in Deutschland. Aussteller und Besucher geben für ihr Messeengagement in Deutschland pro Jahr rund 10 Mrd. € aus. Die gesamten volkswirtschaftlichen Produktionseffekte erreichen 23 Mrd. €; rund 250.000 Arbeitsplätze werden dadurch gesichert. Die Messewirtschaft gehört damit zu den führenden Dienstleistungsbranchen der deutschen Wirtschaft. Für die deutschen Unternehmen gehören Messebeteiligungen zu den wichtigsten Instrumenten der Business-to-Business-Kommunikation. Messen stehen an zweiter Stelle nach dem sehr kostenintensiven Außendienst.

Die deutsche Messewirtschaft
Gesamtwirtschaftliche Bedeutung 2001
auf der Basis einer Multiplikatoranalyse

Produktionseffekte
23 Mrd.€
Beschäftigungseffekte
250.000 Arbeitsplätze

Aufwendungen
der Aussteller
6,5 Mrd.€

10,5 Mrd.€

Aufwendungen
der Besucher
3,5 Mrd.€

Investitionen
der Messegesellschaften

Quelle: FfH-Institut;
ifo-Institut/Fortschreibung AUMA

AUMA_MesseTrend 2003
Messen im Kommunikations-Mix

In der B-to-B-Kommunikation betrachten ...% der
deutschen ausstellenden Unternehmen als sehr
wichtig oder wichtig:

Persönlicher Verkauf/Außendienst	79%
Messen und Ausstellungen	74%
Direktwerbung	61%
Online	59%
Firmenpräsentation	55%
Public Relations	42%
Fachzeitschriften	41%

Messe-Anteil am gesamten   2003/2004: 37,0%
B-To-B-Kommunikationsbudget   2001/2002: 36,7%

* repräsentative Umfrage des EMNID-Instituts im Auftrag des AUMA unter
500 Unternehmen, die auf fachbesucherorientierten Messen ausstellen;
Oktober 2002

Messeplatz Deutschland
Umsatz der Messeveranstalter* (Mrd. €)

1998	1999	2000	2001	2002
2,20	2,30	2,45	2,50	2,40

* Veranstalter internationaler und regionaler Messen;
Umsatz inkl. Auslands-, Kongress- und Servicegeschäft

181

Analyse des Werbeerfolgs und der Kosten einer Messeveranstaltung der Messe
Stuttgart.

Messe Stuttgart   Mitten im Markt

Medienabgleich

	Befragung 2003 in %	Werbekosten 2003 in %	Befragung 2002 in %	Werbekosten 2002 in %	Befragung 2001 in %	Werbekosten 2001 in %
Information der Aussteller	31%		29%		38%	
Information der Messegesellschaft	5%	33%	6%	48%	5%	45%
Fach/-Tagespresse	28%	31%	43%	30%	35%	24%
Rundfunk	2%	16%	2%	6%	3%	19%
Fernsehen	3%		1%		2%	
Internet	14%	5%	13%	6%	14%	2%
Plakat, Außenwerbung	11%	15%	9%	10%	5%	10%
Kollegen, Vorgesetzte	14%		12%		15%	
Verbände	2%					
allgemein bekannt			11%		9%	
Sonstige	7%		2%		8%	
Summe	117%	100%	128%	100%	134%	100%

⇧ Analyse im Werbeteam → Erfolg bei Info Messegesellschaft, kritisch der
Erfolg der Radiowerbung.

Messekennzahlen 2002, herausgegeben von der AUMA

Messeplatz Deutschland 2002

_AUMA

Die 145 überregionalen Messen
im Vergleich zu ihren Vorveranstaltungen

165.873	Aussteller	−2,5%
83.158	Inländische Aussteller	−6,7%
82.715	Ausländische Aussteller	+2,2%
6.644.804	Vermietete Fläche m²	−3,4%
9.223.276	Besucher	−6,0%

Anhang IV

Der, an mehrere Messegesellschaften und Messeveranstalter in Deutschland, versendete Fragebogen zur Messbarkeit der Projektarbeit.

Fragebogen zur Messbarkeit der Projektarbeit

1. Bitte kreuzen Sie zutreffendes an und geben Sie den Namen Ihrer Firma an:

☐ Messegesellschaft: ....
☐ Messeveranstalter: ....

2. Welche Stellung haben Sie im Projekt?

☐ Projektleiter   ☐ Projektmitarbeiter

3. Welches Projektmanagement-Modell wird bei Ihnen angewandt?

☐ Reines Projektmanagement (Kompetenzen und Verantwortung beim Projektleit
☐ Matrix-Projektmanagement (Projektmitarbeiter sind Projektleiter und
Linienvorgesetztem unterstellt)
☐ Einfluß-Projektmanagement (Projektleiter hat keine Weisungsbefugnisse, er ist
Koordinator)

4. Welche Kontrollen werden während eines Projektes durchgeführt?

☐ Effizienzkontrolle   ☐ Effektivitätskontrolle   ☐ Qualitätskontrolle
☐ sonstige, bitte nennen Sie diese: ....

5. In welchen Projektphasen werden Kontrollen durchgeführt?

Bitte nennen Sie diese: ....
                            ....
                            ....
                            ....
                            ....

6. Werden hierfür Kennzahlensysteme verwendet?

☐ Ja   ☐ Nein

Wenn ja, welche?   ....

Und wie sind Ihre Erfahrungen im Umgabg mit diesen Kennzahlensystemen?

Bitte nennen Sie diese:

....
....
....
....
....

7. Wurde durch den Einsatz von Kennzahlen die Qualität der Projektarbeit verbessert?

☐ Ja   ☐ Nein   ☐ weiß nicht

8. Setzen Sie zur Erfassung und Auswertung der Daten eine Software ein?

☐ Ja   ☐ Nein

Wenn ja, welche?   ....

9. Wie wichtig schätzen Sie die Effizienz-, Effektivitäts- und Qualitätsmessung bei Messeprojekten ein?

☐ Gar nicht   ☐ Kaum   ☐ Teils/teils   ☐ Ziemlich   ☐ Sehr

10. Eine letzte Frage zum Schluß: Welche Anregungen für ein Kennzahlensystem können Sie geben?

....
....
....
....

Herzlichen Dank für Ihre Mitarbeit!

Zusammenfassung der Ergebnisse der Fragebogenaktion:

Zehn der Fragebögen wurden beantwortet, die Rücklaufquote lag damit bei: 24%

Die Antworten sind in kursiver Schrift dargestellt, die Zahl der Nennungen steht jeweils hinter den einzelnen Fragen.

Fragebogen zur Messbarkeit der Projektarbeit

1. Bitte kreuzen Sie zutreffendes an und geben Sie den Namen Ihrer Firma an:

☒ Messegesellschaft: *9*
☒ Messeveranstalter: *3*

2. Welche Stellung haben Sie im Projekt?

☐ Projektleiter *8*   ☒ Projektmitarbeite *2*

3. Welches Projektmanagement-Modell wird bei Ihnen angewandt?

☒ Reines Projektmanagement (Kompetenzen und Verantwortung beim Projektleiter) *6*
☒ Matrix-Projektmanagement (Projektmitarbeiter sind Projektleiter und Linienvorgesetztem unterstellt) *4*
☒ Einfluß-Projektmanagement (Projektleiter hat keine Weisungsbefugnisse, er ist Koordinator) *2*

4. Welche Kontrollen werden während eines Projektes durchgeführt?

☒ Effizienzkontrolle *5*   ☒ Effektivitätskontrolle *5*   ☒ Qualitätskontrolle *5*
☒ sonstige, bitte nennen Sie diese: *6 (Aufteilung siehe unten)*
- keine.2
- Entwicklungskontrolle durch Controlling   2
- Aussprache mit Kollegen 1.
- wöchentliche Teamgespräche, tägliche Kontrolle anhand von Excel-To-do-Liste 1

5. In welchen Projektphasen werden Kontrollen durchgeführt?

Bitte nennen Sie diese:
- keine Nennung 2
- Abschluß der Akquisitionsphase 2
- Vor Messebeginn 3
- Nach Messeabschluß 3
- Während Messeveranstaltung/Durchführung 3
- Kosten 1
- Werbung 1
- Hallenplanung 1
- Konzept 1
- Planung 1

*- Regelmässig alle 2 Wochen im Rahmen von Projektteamsitzungen (Presse, Werbung, Aussteller, Event/Rahmenprogramm). Zudem nach der Messe in grösserem Rahmen (inkl. Veranstaltungsorganisation, Veranstaltungstechnik, Controlling, KMS etc.   1
- Je nach Größe und Art des Projekts im wöchentlichen, 14-tägigen oder monatlichen 1
...............*

6. Werden hierfür Kennzahlensysteme verwendet?

☒ Ja   *4*   ☒ Nein   *6*

Wenn ja, welche?
*- Wirtschaftsplanzahlen   1
- Deckungsbeiträge/DB-Rechnungen   2
- Vermietungs-Statistigen 1
- Kennzahlen in Kalkulationsschemen 1
- sind in Vorbereitung 2
- Statusberichte:- Soll-Ist, - Planung/Vorveranstaltung   1*

Und wie sind Ihre Erfahrungen im Umgabg mit diesen Kennzahlensystemen?

Bitte nennen Sie diese:
*- zufriedenstellend   1
- Schwierigkeit, aktuelles und valides finanzwirtschaftliches Datenmaterial zu bekommen. Dies ist sicher kein Koelnmesse-Problem, sondern auch bei anderen Veranstaltern vorhanden.. Z.T. sind Zielvorgaben schwer messbar (z.B. Medienwirkung), also schwer zu beurteilen.   1
- durchweg sehr gut, Erleichterung für Buchhaltung, weil durch Vorgaben direkte Buchung auf entsprechendes Konto im Rechnungswesen)   1
- Unterschiedlich!   - Bei jährlichen Messen sehr kurze "Vorwarnzeiten";bei jährlichen Messen im Herbst Erkenntnisse erst nach Planung für's nächste Jahr!   + Planung erfordert systematische Kontrolle   1*

7. Wurde durch den Einsatz von Kennzahlen die Qualität der Projektarbeit verbessert?

☒ Ja   *3*   ☐ Nein ... .☒ weiß nicht   *4*

8. Setzen Sie zur Erfassung und Auswertung der Daten eine Software ein?

☒ Ja   *7*   ☒ Nein   *3*

Wenn ja, welche?

- Eigenes Programm SINIX   1
- MS-Office   1
- CRM-Software (Aussteller-Betreuung) 1
- Excel   2
- Sage KHK 1
- SAP   4
- Outlook   1

9. Wie wichtig schätzen Sie die Effizienz-, Effektivitäts- und Qualitätsmessung bei Messeprojekten ein?

☐ Gar nicht .... ☐ Kaum .... ☒ Teils/teils *1* ☒ Ziemlich   *2*   ☒ Sehr *7*

10. Eine letzte Frage zum Schluß: Welche Anregungen für ein Kennzahlensystem können Sie geben?

-muss für alle unterschiedlichen Messekonzepte (Fach-/Endverbrauchermesse) anwendbar sein; leicht ein- und durchführba   1
- Operationale Ziele, die auch messbar sind, vereinbaren als Basis für Kennzahlensystem. Wichtig ist auch, die zeitliche Komponente zu berücksichtigen (wann fallen Kosten an? wann fallen Erlöse an? Wann werden Ergebnisse erwartet - z.B. Medienresonanz im Vorfeld, nach der Veranstaltung etc.) Cash-flow Betrachtung. Aussagen über Aufwandsquoten (z.B. Ressourceneinsatz pro Aussteller, Personaleinsatz, Durchlaufzeiten von Anmeldungen etc.) wären schön, sind aber in der Praxis sehr schwer zu ermitteln   1
- Bisher keine, da wir noch nicht damit gearbeitet haben.
Allerdings sind die Meinungen sehr unterschiedlich, da hiermit eine Möglichkeit der Personalkontrolle gegeben ist, die mit dem Betriebsrat des jeweiligen Unternehmens abgestimmt werden muss   2
- Die messbarkeit der Projektarbeit im Messewesen ist nicht möglich. Es können keine Kennzahlen entwickelt werden, da jedes Messeprojekt einzigartig ist und ständig Veränderungen unterworfen ist   1
- Frühwarn-Idikatoren einbauen, die auch früh warnen!   1

Herzlichen Dank für Ihre Mitarbeit!

Anhang V

Dieser Fragekatalog diente als Grundlage für Interviews mit einigen Messeprojektmanagern und –leitern der Messe Stuttgart.

Fragenkatalog Projektteams der Stuttgarter Messegesellschaft

**Fragen zum Thema: Kennzahlensystem für Messeprojekte zur
Qualitätssteigerung des Projektmanagements**

1. Bitte nennen Sie die typischen Phasen eines Messeprojekts.

2. Nennen Sie die Controllingaufgaben im Projekt „Messe".

3. Beschreiben Sie den typischen Ist-Zustand Ihrer Messeprojekte.
   Womit sind Sie nicht zufrieden?
   Womit sind Sie zufrieden?

4. Beschreiben Sie den Soll-Zustand Ihrer Messeprojekte.

5. Wer setzt das Messeziel (Auftragsergebnis) fest?
   (Projektleitung oder Unternehmensleitung)

6. Wird dieses Ziel realistisch gesetzt?
   (Findet eine Orientierung am Vorjahresergebnis statt oder wird jeweils die
   wirtschaftliche Situation berücksichtigt?)

7. Welche Meilensteine spielen eine wichtige Rolle im Messeprojekt?

8. Wo bzw. wann setzen Sie Ihre Meilensteine im Projekt?
   Bitte benennen Sie diese.

9. An welchen Stellen erachten Sie es für sinnvoll eine Soll-Ist Kontrolle
   durchzuführen? Warum?
   (Kundenzufriedenheit, Qualität des Produkts „Messe", Ablauf der Prozesse)

10. Welche Kennzahlen sind, Ihrer Meinung nach, zur Kontrolle erforderlich und
    werden zur Steuerung benötigt?

11. Welche Zielvorgaben formulieren Sie und wie kontrollieren Sie diese Ziele?

12. Besteht das Projektteam für eine bestimmte Messe immer aus den selben
    Personen, oder wird das Team bei jedem Zyklus neu zusammengestellt?

13. Haben Sie das Gefühl, dass die Kontrollen die momentan durchgeführt
    werden auch zur Steuerung hilfreich sind?
    Gibt es z.B. Frühwarn-Indikatoren, wenn ja welche?

14. Gibt es ein Berichtswesen?
    Werden z.B. in einem bestimmten Zyklus Berichte über den Stand der Arbeit
    abgegeben?

15. Wie oft findet ein Abgleich aller Projektbeteiligter statt?

16. Jedes Messeprojekt ist anders und sie sind häufig starken Veränderungen unterworfen, aber welche Faktoren bleiben Ihrer Meinung nach gleich und wo lässt sich hier mit Kennzahlen arbeiten?

17. Der wichtigste Faktor bei Messen ist die Termineinhaltung. Wie stellen Sie das Erreichen dieses Ziels sicher?
Auf welche Kosten geht dies? Nennen Sie die betroffenen Faktoren.

18. Was sind die größten Kostenfaktoren eines Messeprojekts? Wann fallen diese an?

19. Werden die Werbemaßnahmen, die zur Ausstellerwerbung und Besucherwerbung durchgeführt werden analysiert und gemessen?
Wenn ja, wie?
Wenn nicht, warum nicht?

20. Wird die Servicequalität gemessen, wenn ja wie?
Nur durch Ausstellerbefragung nach der Messe oder durch andere Maßnahmen? Bitte nennen Sie diese.

21. Wie werden die Projektmitarbeiter in die Kontrolle miteinbezogen?

22. Gibt es Belohnungen für die Projektmitarbeiter, wenn ja welcher Art?

23. Kontrollieren sie Ihre Arbeit selbst, wenn ja wie?
(Frage an Projektleiter)

24. Als wie wichtig schätzen Sie die Messbarkeit der Projektarbeit für Messeprojekte in der Zukunft ein? Bitte begründen Sie Ihre Antwort.

25. Welche messbaren Faktoren werden Ihrer Meinung nach in Zukunft von Bedeutung sein?

Zusammenfassung der Ergebnisse:

Fragenkatalog Projektteams der Stuttgarter Messegesellschaft
Zusammenfassung

Fragen zum Thema: Kennzahlensystem für Messeprojekte zur Qualitätssteigerung des Projektmanagements

1. Bitte nennen Sie die typischen Phasen eines Messeprojekts.
   - Nachbereitung
   - Konzept, Festlegung der Strategie und Ziele
   - Erstellen Wirtschafts- und Werbeplan
   - Beginn Ausstellerakquisition/Ausstellerwerbung
   - Sonderschauplanung
   - Hallenaufplanung u. Bestätigung
   - Besucherakquisition/Besucherwerbung
   - Messeablauf (Aussteller + Besucherbetreuung vor Ort) + Eröffnung u. Ausstellerabend
   - Nachbereitung

2. Nennen Sie die Controllingaufgaben im Projekt „Messe".
   - Erstellen Wirtschafts- und Werbeplan
   - Erstellen Budget
   - Kontrolle Budget, Termine, Personal, Ziele und v.a. Vermietungsergebnis

3. Beschreiben Sie den typischen Ist-Zustand Ihrer Messeprojekte. Womit sind Sie nicht zufrieden?
   - Zusammenarbeit mit Querschnittsabteilungen könnte besser laufen
   - Verantwortungsbewusstsein seitens Querschnittsabteilungen teilweise nur bedingt vorhanden
   - Problem bei Weisungsbefugnis (Verantwortung für Projekt, aber keine Weisungsbefugnis gegenüber Querschnittsabteilung)
   - Personelle Ressourcen begrenzt, daher nicht alles umsetzbar
   - Wichtig: Erreichung Vermietergebnis bei gleichzeitiger Ausstellerqualität

   Womit sind Sie zufrieden?
   - Zufrieden wenn die Zahlen stimmen

4. Beschreiben Sie den Soll-Zustand Ihrer Messeprojekte.
   - Konzept und vorgegebene Zahlen werden eingehalten und es wird ein guter Deckungsbeitrag erreicht
   - positive Rückmeldung durch Aussteller + vor allem durch Besucher: möglichst geringe „Reklamations"-Liste! Möglichst wenig Angebotslücken

5. Wer setzt das Messeziel (Auftragsergebnis) fest?
   (Projektleitung oder Unternehmensleitung)
   - Projektleiter in Abstimmung mit Teamleiter, Freigabe durch GF erforderlich

6. Wird dieses Ziel realistisch gesetzt?
   (Findet eine Orientierung am Vorjahresergebnis statt oder wird jeweils die wirtschaftliche Situation berücksichtigt?)
   - Ja. Orientierung an Vorjahresergebnis und wirtschaftlicher Situation

7. Welche Meilensteine spielen eine wichtige Rolle im Messeprojekt?
   - Konzept, Budgetierung
   - Start Ausstellerakquise
   - Aufplanung! (Größter Meilenstein)
   - Start Besucherakquise
   - Messeverlauf

8. Wo bzw. wann setzen Sie Ihre Meilensteine im Projekt?
   Bitte benennen Sie diese.
   - Anhand Terminplan, der direkt nach der Vorveranstaltung mit dem kompletten Team (Werbung, Presse, Ausland, Technik...) verabschiedet wird.

9. An welchen Stellen erachten Sie es für sinnvoll eine Soll-Ist Kontrolle durchzuführen? Warum?
   (Kundenzufriedenheit, Qualität des Produkts „Messe", Ablauf der Prozesse)
   - Siehe Terminplan, ständige Soll-Ist Kontrolle. Darüber hinaus z.B. nach Abschluss Ausstellerakquise (evtl. Reduzierung Werbeetat etc.)
   - Wöchentliche Überprüfung der Kosten und erreichbarer DB (alles im grünen Bereich?)(evtl. Reduzierung bei Sonderschau)
   - Die größte Soll-Ist Kontrolle findet nach der Ausstellerakquise statt
   - Reklamationen 1. Messetag
   - Feedback während/nach der Messe (Auswertungen)
   - Presseresonanz, Pressespiegel
   - Reklamationen nach der Messe (Ziel: keine!)

10. Welche Kennzahlen sind, Ihrer Meinung nach, zur Kontrolle erforderlich und werden zur Steuerung benötigt?
    - Besucherzahl, Ausstellerzahl, Flächenzahl, DB1 (als Verhältniszahlen sehr wichtig, anders ist keine Vergleichbarkeit gegeben)
    - Kundenbefragungen (Aussteller und Besucher)
    - Um Vergleiche schaffen zu können zwischen den einzelnen Veranstaltungsjahren:
      1. Besucherzahl/Fläche
      2. Ausstellerzahl/Fläche
      3. Durchschnittlicher Preis je m²
      4. Etat Ausstellerwerbung/Fläche
      5. Etat Besucherwerbung/Fläche
      6. Etat Besucherwerbung/Besucherzahl
      7. Durchschnittlicher Eintrittspreis

8. Wie viel Aufwand ist erforderlich um neue Aussteller zu bekommen
9. Wie viel Aufwand ist erforderlich um neue Aussteller zu halten
10. Wie viel Aufwand ist erforderlich um Aussteller zu halten

11. Welche Zielvorgaben formulieren Sie und wie kontrollieren Sie diese Ziele?
    - Terminplan (Zielvorgabe Termin)
    - Etatplan (Zielvorgabe Etat)
    - Konzept (Zielvorgabe allgemein und detailliert)
    - z.B. Anzahl Pressemitteilungen, Aussteller aus Ausland (heruntergebrochen auf die einzelnen Länder) etc.
    - Quantitative Zielvorgaben (Flächenvermietung)
    - Qualitative Ziele: Befragung 1x bei der Messe und Feedback bei der Akquise)

12. Besteht das Projektteam für eine bestimmte Messe immer aus den selben Personen, oder wird das Team bei jedem Zyklus neu zusammengestellt?
    - In der Regel dieselben Personen, durch terminliche Überschneidungen etc. kann jedoch ein Austausch notwendig/zwingend sein.

13. Haben Sie das Gefühl, dass die Kontrollen die momentan durchgeführt werden auch zur Steuerung hilfreich sind?
    Gibt es z.B. Frühwarn-Indikatoren, wenn ja welche?
    - Durch monatlichen Abgleich Statistik/Etat etc. ist Frühwarnsystem möglich
    - Eigentlich keine Frühwarn-Indikatoren vorhanden wenn z.B. eine Messe mit einjähriger Vorbereitung und zweijährige Vorbereitung verglichen werden.
    - Durch SAP Kontrolle möglich

14. Gibt es ein Berichtswesen?
    Werden z.B. in einem bestimmten Zyklus Berichte über den Stand der Arbeit abgegeben?
    - Regelmäßige Teamsitzungen, hier wird jeweils der Stand der Dinge berichtet und abgeglichen (Querschnittsabteilungen und Projektleiter)
    - Sitzungen Projektleiter und Teamleiter
    - Sitzungen Teamleiter und GF
    - Monatliches/wöchentliches Berichtswesen (Termin mit Controlling, hier wird Punkt für Punkt überprüft, ob die Planwerte erreicht wurden und erreichbar sind. Zyklus ist Projektstatusabhängig)

15. Wie oft findet ein Abgleich aller Projektbeteiligter statt?
    - Teambesprechungen nach Bedarf
    - Im Kernteam ständig (kontinuierlicher Prozess)
    - Oft Teil-Teambesprechungen im kleinen Kreis
    - Teamleitersitzungen regelmäßig
    - Projektleitersitzungen regelmäßig
    - Die Technikbesprechung findet ca. 2-3 Wochen vor Messebeginn statt, hier werden die Details mit dem operativen Projektmitarbeitern besprochen.

16. Jedes Messeprojekt ist anders und sie sind häufig starken Veränderungen unterworfen, aber welche Faktoren bleiben Ihrer Meinung nach gleich und wo lässt sich hier mit Kennzahlen arbeiten?
    - Generelle Abläufe bleiben gleich
    - Ausstellerzufriedenheit hängt fast ausschließlich von Besucherqualität/quantität ab.
    - Kennzahlen: s. Befragungsergebnisse.
    - Preis- Leistungs-Verhältnis + Service für Aussteller muss stimmen
    - Messe muss Spiegelbild des Marktes sein! (Kennwert: wenig Angebotslücken)

17. Der wichtigste Faktor bei Messen ist die Termineinhaltung. Wie stellen Sie das Erreichen dieses Ziels sicher?
    Auf welche Kosten geht dies? Nennen Sie die betroffenen Faktoren.
    - Überwachung mithilfe sehr detailliertem Terminplan
    - Ständige Kontrolle der Querschnittsabteilungen
    - Geht auf Kosten des Projektleiters (PM)
    - Ein Projektleiter hat ca. 3-4 Projekte zur gleichen Zeit, wenn ein Projekt in der Endphase ist und es mit den Terminen eng wird, dann geht es auf die Kosten anderer Projekte. Z.B Projekte in der Beginnphase.

18. Was sind die größten Kostenfaktoren eines Messeprojekts? Wann fallen diese an?
    - Werbekosten allgemein: Ausstellerwerbung (1. Hälfte, gleich zu Beginn), Besucherwerbung (2. Hälfte, ca. 5 Wochen vor Messebeginn) Werbung- und Pressekosten (Verhältnis mindestens 20:1) Hier hat man die größte Steuermöglichkeit!!
    - Technik (Technische Umsetzung ab ca. 1 Monat vor Messebeginn)
    - Organisation
    - Sonderschau
    - Anteile an Vertragspartner (Keine Steuermöglichkeit, Reduktion nicht möglich)

19. Werden die Werbemaßnahmen, die zur Ausstellerwerbung und Besucherwerbung durchgeführt werden analysiert und gemessen?
    Wenn ja, wie?
    Wenn nicht, warum nicht?
    - Ja , z. B. Anzeigeschaltung, Auflage der Zeitschrift, Zielgruppe etc.
    - Internet-Visits Homepage, messbar
    - Wie viel pro Besucher investiert wurde etc. (KZ)
    - z.B. Aktionen mit Zeitungen (Ermäßigungsabschnitt in Zeitung), dies lässt sich dann am Ende zählen.
    - Durch Aussteller- und Besucherbefragung

20. Wird die Servicequalität gemessen, wenn ja wie?
    Nur durch Ausstellerbefragung nach der Messe oder durch andere Maßnahmen? Bitte nennen Sie diese.
    - Durch Ausstellerbefragung (Qualitative Messung)
    - Persönliche Gespräche

21. Wie werden die Projektmitarbeiter in die Kontrolle miteinbezogen?
    - Durch Vorgabe Terminplan (Verantwortungsbereich jedes einzelnen)
    - Eigenverantwortlich für den jeweiligen Bereich, Etatkontrolle etc. wird vorausgesetzt
    - Bekommen die Auswertungen bzw. evtl. Beschwerdeschreiben

22. Gibt es Belohnungen für die Projektmitarbeiter, wenn ja welcher Art?
    - Keine materielle Belohnung
    - Lob
    - Verteilen der erhaltenen Präsente (z.B. Wurstkorb von Fleischerfachmesse) im gesamten Team.
      Gemeinsames Essen.

23. Kontrollieren sie Ihre Arbeit selbst, wenn ja wie?
    (Frage an Projektleiter)
    - Terminplan, Konzepte, „Meilensteine" etc. sind auch Kontrollmechanismen für Projektleiter selbst
    - Erfahrungswerte, Feedback aller Beteiligten...
    - persönlichen Gefühlsindikator (Unzufriedenheit)

24. Als wie wichtig schätzen Sie die Messbarkeit der Projektarbeit für Messeprojekte in der Zukunft ein? Bitte begründen Sie Ihre Antwort.
    - der Erfolg des Projektes ist doch der wichtigste Messwert – warum künstlich weitere Messbarkeits- Komponenten entwickeln?!?
    - Wäre schön eine Messbarkeit zu haben, ist aber schwierig in der Umsetzung, da die Prozesse fließend sind
    - Aussteller und Besucher externer Messfaktor, Kosten interner Messfaktor
    - Messbarkeit ist wichtig, sollte aber nicht überbewertet werden. Klassische betriebswirtschaftliche Kennzahlen sind nicht besonders sinnvoll bei Messen.
    - Es müssen für Messen + Projekte eigens definierte Kennzahlen eingesetzt werden.
    - Controlling schätzt Messbarkeit als wichtiger ein, als die Projektleiter, die entscheiden viel aus dem Gefühl und der Erfahrung heraus.
    - Die Akquise ist die wichtigste Aktivität im Messeprojekt, wenn die Kontrolle durch Kennzahlen zu zeitintensiv würde, besteht die Gefahr, dass die Akquise zu kurz kommt.

25. Welche messbaren Faktoren werden Ihrer Meinung nach in Zukunft von Bedeutung sein?
    - Kundenzufriedenheit, Kundenzufriedenheit, Kundenzufriedenheit, DB (das kommt dann automatisch!)
    - Besucherzahl, Ausstellerzahl, Flächenzahl, DB1 (als Verhältniszahlen sehr wichtig, anders ist keine Vergleichbarkeit gegeben)
    - Um Vergleiche schaffen zu können zwischen den einzelnen Veranstaltungsjahren:
        1. Besucherzahl/Fläche
        2. Ausstellerzahl/Fläche
        3. Durchschnittlicher Preis je m²

4. Etat Ausstellerwerbung/Fläche
5. Etat Besucherwerbung/Fläche
6. Etat Besucherwerbung/Besucherzahl
7. Durchschnittlicher Eintrittspreis
8. Wie viel Aufwand ist erforderlich um neue Aussteller zu bekommen
9. Wie viel Aufwand ist erforderlich um neue Aussteller zu halten
10. Wie viel Aufwand ist erforderlich um Aussteller zu halten

- Eine Zielvereinbarung wäre sinnvoll (z.B. Eine vertriebsabhängige Bezahlung d.h. wer gut verkauft bekommt Provision